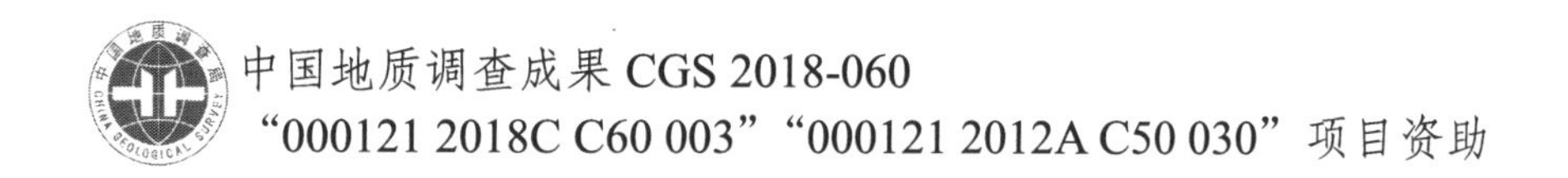
中国地质调查成果 CGS 2018-060
“000121 2018C C60 003”“000121 2012A C50 030”项目资助

地质灾害防范与自救

霍志涛　张业明　付小林　等 编著

科 学 出 版 社
北 京

内 容 简 介

本书针对我国山地地质灾害多发的情况，系统介绍地质灾害基本知识、地质灾害监测预警和防治方法，并详细论述受灾后科学防灾避灾与自救方法，在住房选址、工农业建设等活动中避开地质灾害危险区，地质灾害群测群防体系及重大地质灾害隐患点应急演练等。旨在普及地质灾害防范和自救知识，避免生命伤亡，减少财产损失。

本书适合相关政府部门基层干部、地质灾害频发地区人民群众阅读使用。

图书在版编目（CIP）数据

地质灾害防范与自救/霍志涛等编著.—北京：科学出版社，2019. 5

ISBN 978-7-03-061153-6

Ⅰ.①地… Ⅱ.①霍… Ⅲ. ①地质灾害-灾害防治-中国 Ⅳ. ①P694

中国版本图书馆 CIP 数据核字(2019)第 084440 号

责任编辑：孙寓明 张 湾/责任校对：高 嵘

责任印制：张 伟 / 封面设计：苏 波

科学出版社出版

北京东黄城根北街 16 号

邮政编码：100717

http://www.sciencep.com

北京凌奇印刷有限责任公司 印刷

科学出版社发行 各地新华书店经销

*

开本：787×1092 1/16

2019 年 5 月第 一 版 印张：10 1/2

2022 年 1 月第四次印刷 字数：249 000

定价：49.00 元

（如有印装质量问题，我社负责调换）

《地质灾害防范与自救》编写委员会

主　编　霍志涛　张业明　付小林

委　员　王世梅　郭　飞　程温鸣　王　力

滕　帅　余文鹏　王孔伟　田　盼

杨建英　叶润青　范意民　董好刚

吴润泽　朱敏毅　董雅深

前　言

我国是世界上地质灾害多发的国家之一，过去每年发生的崩塌、滑坡和泥石流等常见地质灾害，已经造成了大量的人员伤亡和重大的财产损失。近年来，我国政府加强了对地质灾害的防治和科学宣传力度，群测群防和监测预警体系逐步完善，人们的地质灾害防灾意识不断增强，地质灾害造成的损失明显下降。事实证明，科学普及地质灾害防治知识，已经成为我国地质灾害防灾减灾重大工程的一项有效举措山体。

本书的编写有两个出发点：一是向更广泛的人群传播崩塌、滑坡和泥石流等常见地质灾害的基本知识；二是系统介绍我国在三峡库区地质灾害高发区长期积累的成功经验。三峡库区是我国地质灾害重点防治地区，通过不断探索，已经建立了一套完整有效的隐患排查、监测预警、综合治理、快速反应、应急处置工作机制和扎实有效的识灾防灾工作体系。自 2003 年实施监测预警以来，三峡库区遭遇了超百年一遇特大暴雨、百年一遇持续降雨、周期性库水位 30 米的涨落，受到了大量移民迁建工程等多种不利条件的影响，发生地质灾害险情 700 多起，由于防治工程的实施和监测预警及时，发现险情科学处置，已实现连续 15 年无地质灾害造成的人员死亡，取得了瞩目的成绩。

在编写风格上，本书力求通俗易懂，图文并茂，为了增强人们对地质灾害的直观认识，还大量引用了被新闻媒体报道过的经典案例。

希望本书的出版，能为基层人民政府特别是山区地质灾害防治人员有效开展地质灾害防治工作提供指南，也为更广泛的人群获取地质灾害知识，提高识灾、防灾和临灾避险能力提供必要的知识。

作　者

2018 年 8 月

目录 MULU

DIZHI ZAIHAI FANGFAN YU ZIJIU

我家住在山坡下
地质灾害危害大

从诞生的那天起，地球就一直处在不断的运动和变化中，海陆变迁，沧海桑田。她的表面分布着陆地和海洋，海洋占71%，陆地占29%，即七分海洋，三分陆地。而在这三分陆地中，不仅有性格温和的平原、河流和湖泊等地貌，还有脾气暴躁的山川地貌，在风雨等条件的刺激下常给人们带来很大的灾难。

我国是一个多山的国家，山地面积占陆地总面积的2/3。众多的人口和有限的土地，决定了人类并非都能生活在富饶的平原，很多人的家园只能建在地势陡峻、土体松软的山坡之上，他们靠山吃山，一代一代繁衍生息，他们的生活和山息息相关。偏远的山区，高高的山岗，长长的沟谷，散落着一户户农舍，一个个古老的小镇。而今，随着国民经济的发展，人口、资源、环境之间的矛盾日益突出，人口的增长、资源的大量开发和各类大规模工程的建设，给山区有限的资源和脆弱的生态环境造成了难以承受的巨大压力和破坏。当我们一寸又一寸地开发山地时，应该意识到，在原本地质生态环境就十分脆弱的山坡背后，一种危险可能正在悄然逼近，这就是给人类的生命财产带来严重威胁的地质灾害（一种猛于虎的自然灾害）。

我国是世界上地质灾害多发的国家之一，近年来，我国每年都会发生各种地质灾害上万起，造成大量的人员伤亡和巨大的财产损失。截至2015年底，全国已登记地质灾害28.8万处，威胁人数约1 800万，威胁财产约4 431亿元。据《2016中国国土资源公报》，2012～2016年，我国各类地质灾害共造成1 731人死亡和418人失踪，直接经济损失270.43亿元。面对如此严峻的地质灾害，普及和宣传地质灾害知识，对认识和了解地质灾害，增强人们的防灾减灾意识，具有十分重要的警示教育意义和现实意义。

地质灾害初认识

◎什么是地质灾害

地质灾害是自然因素或人为活动引发的，对人类生命与财产安全、环境造成破坏和损失的地质作用（现象）。地质灾害种类繁多，包括崩塌、滑坡、泥石流、地面塌陷、地面沉降、地裂缝、岩爆、坑道突水、煤层自燃、黄土湿陷、砂土液化、土地冻融、水土流失、土地荒漠化、地震、火山、地热害等。

2017年国务院颁布的《地质灾害防治条例》指出，地质灾害包括自然因素或人为活动引发的危害人民生命和财产安全的山体崩塌、滑坡、泥石流、地面塌陷、地裂缝、地面沉降等与地质作用有关的灾害，其中，山体崩塌、滑坡、泥石流是山区常见、危害最大的三大灾害。

根据地质灾害动态特征，地质灾害分为突发性地质灾害、累积性地质灾害（或缓发性地质灾害）；崩塌、滑坡、泥石流等地质灾害诱发的主要因素有天灾（如暴雨）、地祸（如地震）、人为（如人类不合理工程活动），它们通常是突然发生的、难以准确预料的灾害，一旦发生后果非常严重，因此，通常称为突发性地质灾害。

◎地质灾害规模如何分级

地质灾害依据发生灾害的体积大小，划分为巨型、大型、中型和小型四个规模等级，不同类型地质灾害，规模分级的体积大小界限不一，常见的地质灾害具体分类见下表。

灾种	指标	灾害等级			
		巨型	大型	中型	小型
崩塌	体积/万 m^3	> 100	10 ~ 100	1 ~ 10	< 1
滑坡	体积/万 m^3	> 1 000	100 ~ 1 000	10 ~ 100	< 10
泥石流	堆积体体积/万 m^3	> 50	20 ~ 50	1 ~ 20	< 1
地面塌陷	影响范围/km^2	> 20	10 ~ 20	1 ~ 10	< 1
地裂缝	影响范围/km^2	> 10	5 ~ 10	1 ~ 5	< 1
地面沉降	沉降面积/km^2	> 500	100 ~ 500	10 ~ 100	< 10
	累计沉降量/m	> 2.0	1.0 ~ 2.0	0.5 ~ 1.0	< 0.5

◎我国地质灾害分布的特点

我国地处环太平洋构造带和喜马拉雅构造带汇聚部位，太平洋板块的俯冲和印度洋板块向北对亚欧板块的碰撞使中国大陆承受着最主要的地球动力作用。在印度洋板块与亚欧板块的碰撞边界上产生了世界上最高的喜马拉雅山脉，并使青藏高原受压隆起；东部因太平洋板块的俯冲，华北、东北地壳向东拉张，形成华北和松辽沉降大平原。这两种活动构造带汇聚和西升东降的地势反差，不仅形成了我国大地构造和地形的基本轮廓，而且控制了我国地质灾害东西分区、南北成带的总体分布格局。

东西分区　以贺兰山—六盘山—龙门山—哀牢山、大兴安岭—太行山—武陵山—雪峰山为界分为三大区。西区为高原山地，海拔高，切割深度大，地壳变动强烈，构造、地层复杂，气候干燥，风化强烈，岩石破碎，因而主要发育地震、冻融、泥石流、沙漠化等地质灾害。中区为高原、平原过渡地带，地形陡峻，切割剧烈（相对切割深度巨大），地层复杂，风化严重，活动断裂发育，因而主要发育地震、山体崩塌、泥石流、滑坡、水土流失、土地沙化、地面变形、黄土湿陷、矿井灾害等地质灾害。东区为平原及海岸和大陆架，地形起伏不大，气候潮湿且降雨量丰富，山体崩塌、滑坡、泥石流等地质灾害较轻，主要发育在海拔较高地区。

南北成带　从北向南，阴山—天山、昆仑—秦岭、南岭等巨大山系横贯中国大陆，沿这些山系，山体崩塌、滑坡、泥石流等地质灾害严重。它们的相间地带（大河流域）山体崩塌、滑坡、泥石流等地质灾害发育较轻。

以三峡库区为例，三峡库区地处鄂西南，属东西分区中部，地质构造复杂，河谷深切，地势陡峭，暴雨洪水频繁，为地质灾害发育和发生提供了地质环境条件，自古以来就是地质灾害高发区。

三峡库区历史上曾因山体滑坡、崩塌多次阻断长江水道，造成人员伤亡和重大经济损失，如 1982 年云阳鸡扒子滑坡、1985 年秭归新滩滑坡、水库蓄水后 2003 年秭归千将坪滑坡、2008 年巫山龚家坊滑坡、2012 年奉节曾家棚滑坡等。三峡工程建设后，水库蓄水形成长约 5 300 千米的库岸，现已查出的崩塌、滑坡达 5 000 多处。三峡库区地质灾害总体上呈现长期性、复杂性、突发性、隐蔽性和次生危害性等突出特征。

◎地质灾害发生的时间

据原国土资源部统计，我国由降雨诱发的崩塌、滑坡、泥石流灾害占全国同类地质灾害的 65%。我国崩塌、滑坡、泥石流灾害的分布不仅在地域上与降雨量较高的地方相一致，而且在时间上与各地区的雨季相吻合。

从我国历年的统计数据来看，一年 12 个月都有地质灾害发生，但主要集中于 5～9 月，尤以 6～8 月频次最高，1～3 月和 10～12 月较少。根据《2016 中国国土资源公报》，2016 年全国共发生各类地质灾害 9 710 起，其中 5～9 月发生的地质灾害占全年总数的 90%，6～8 月发生的地质灾害占全年总数的 80%。这是因为我国东南沿海地区进入雨季较早，5 月就开始进入灾害高发期，然后降雨逐渐向内陆推移，西南地区 6 月、内陆地区 7 月开始进入灾害高发期。值得注意的是，西北地区由于冬季降雪，春季气温回暖，冰雪融化，4～5 月滑坡和泥石流的发生率也较高。

◎次生灾害莫忽视

地质灾害的发生常常不是孤立的，也就是说，一种地质灾害发生后，如果不能及时处理，就会像“多米诺骨牌”一样，形成一条灾害链，很可能诱发其他地质灾害，即次生地质灾害。例如，地震发生后，在山区就可能引发山体滑坡、崩塌、滚石、泥石流、地面塌陷、大坝溃堤等，如果是海洋里的强烈地震，还可能引起海啸；滑坡会引起的常见次生灾害是涌浪和堰塞湖。这些后续危害容易被人忽视，但危害却往往更大。

地震引发的滑坡、崩塌次生灾害实例　2008 年 5 月 12 日 14 时 28 分，四川省汶川县发生里氏震级 8.0 级的大地震。“5・12”地震重灾区的 44 个县（市），震前发现的地质灾害隐患点就达 5 147 处，其中滑坡 3 300 处、崩塌 492 处、泥石流 604 处、不稳定斜坡 751 处，直接威胁到 29 万名群众的生命财产安全。这 44 个重灾县（市），震后新增地质灾害隐患约 10 000 处，其中滑坡占 41%、崩塌占 28%、泥石流占 10%、不稳定斜坡占 20%，直接对 80 万名群众的生命财产安全构成严重威胁，“5・12”地震诱发的特大型滑坡（体积大于 1 000 万立方米）共 26 处，诱发的灾难性滑坡、崩塌导致死亡人数在 100 人以上的达 11 处。其中大光包滑坡是“5・12”汶川 8.0 级特大地震触发的规模最大的滑坡，滑坡面积约为 7.12 平方千米，体积为 11.59 亿立方米，是我国有史料记载以来规模最大的滑坡，也是目前世界上已知的为数不多的几个 10 亿立方米以上的超大规模滑坡之一，其高达 690 米的滑坡堰塞坝为世界目前最高的滑坡坝。

汶川地震引发的滑坡

地震引发的堰塞湖实例 “5·12”汶川 8.0 级特大地震造成唐家山大量山体崩塌，两处相邻的巨大滑坡体夹杂巨石、泥土冲向湔江河道，形成巨大的堰塞湖。唐家山堰塞湖位于四川省北川羌族自治县境内，其堰塞坝位于北川老县城曲山镇上游 4 千米处。堰塞坝体长 803 米、宽 611 米、高 82.7~124.4 米，体积约 2 037 万立方米，上下游水位差约 60 米。6 月 6 日，唐家山堰塞湖储水量超过 2.2 亿立方米，6 月 10 日 1 时 30 分达到最高水位 743.1 米，最大库容 3.2 亿立方米，极可能崩塌引发下游的洪灾，为汶川大地震形成的 34 座堰塞湖中最危险的一座。由于党中央和国务院的英明决策，中国人民武装警察部队水电部队（武警水电部队）的措施得力，唐家山堰塞湖的危险得以解除，抢险工作取得决定性胜利。

汶川地震引发的堰塞湖

常见山地灾害——崩塌、滑坡、泥石流

在开发利用山区时，要注意生态环境建设，预防和避免山地灾害的发生。山区危害最大的自然灾害有泥石流、崩塌、滑坡三剑客。三剑客威力大，破坏性强，下面一一认识。

◎祸从天降——崩塌

崩塌

何谓崩塌？崩塌是指高陡斜坡（包括人工开挖边坡）上的岩土体在重力作用下突然脱离母体后，以滚动、跳动、坠落等为主的运动现象与过程。未崩坠塌落之前的不稳定岩（土）体称为危岩体。

一般来说，崩塌具有突发性，发生时间极短，运动速度极快，能够达到 5～200 米/秒；崩塌规模的大小相当悬殊，大规模的岩体崩塌也称山崩，其体积可达数千万立方米甚至上亿立方米，小规模的岩体崩塌称为坠石，一般体积仅数立方米或数十立方米，甚至是小型块石的塌落；崩塌具有垂直位移大于水平位移的特点。崩塌对斜坡底部的房屋、道路及其他建筑物危害很大，极易造成重大的人员伤亡事故，应科学避险。

崩塌形成示意图

典型危岩体实例　链子崖危岩体是我国最著名的地质灾害体之一，它位于长江西陵峡的兵书宝剑峡出口处南岸，与北岸新滩滑坡隔江对峙，紧扼川江航道咽喉，距三峡大坝仅 26.5 千米。1030 年和 1542 年其大规模崩塌分别导致长江断航 21 年和 82 年，中华人民共和国成立初期，我国地质专家就已对链子崖危岩体投入了关注。20 世纪 70 年代初，湖北省成立湖北省岩崩滑坡研究所在新滩开展监测及研究工作。地质专家来此勘测后，将链子崖裂缝以 T 为标号（英语“tear”是撕裂、裂口的意思），经过仔细测量，链子崖变形体裂缝主要走向是北东向，最长的裂缝是 T_9，长达 170 米；最宽的裂缝是 T_2，宽达 5.1 米；最深的裂缝是 T_{12}，深达 105 米。这些裂缝还在发育，而且生长的速度比较快。最大的危岩体裂缝 T_2，不仅宽 5.1 米，而且长 110 米，裂缝深度达 100 米。老一辈人讲，他们的长辈说过，原裂缝没这么宽，他们年轻时还可以轻松跳过此裂缝。1985 年链子崖对岸新滩发生 3 000 万立方米的大滑坡，将有 900 年历史的新滩镇推入长江，此河段被迫停航 12 天。新滩滑坡后，长江航道已偏向链子崖，一旦危岩体崩塌，将有可能严重碍航甚至断航，危及附近城镇居民生命财产安全，并直接影响三峡大坝的安全。链子崖处岩体以崖下挖煤采空诱发的地面变形为主，在南北长 700 米、东西长 210 米的岩体上产生 58 条宽大裂缝，从而形成了总体积达 300 多万立方米的危岩体，成为长江航道咽喉的严重隐患。国务院于 1989 年 2 月批准国家科学技术委员会组织链子崖地质灾害防治可行性论证研究，由地质矿产部组织实施链子崖地质灾害的防治工程。经过长达16年（1989年2月~2004年12月）的地质勘查、科学试验、变形监测与防治工作，终于完成链子崖危岩体的防治任务。2004年12月通过国家验收，总体评定防治工程设计先进、合理，工程施工达到了设计要求，质量优良，达到国际领先水平。

链子崖治理工程

崩塌的类型

崩塌类型多种多样、千差万别，但其形成机理是有理可循的，按形成机理可分为倾倒式崩塌、滑移式崩塌、鼓胀式崩塌、拉裂式崩塌和错断式崩塌，其特征归纳如下表。

类型	岩性	结构面	地形	受力状态	起始运动形式
倾倒式崩塌	黄土、直立或陡倾坡内的岩层	多为垂直节理、陡倾坡内-直立层面	峡谷、直立岸坡、悬崖	主要受倾覆力矩作用	倾倒
滑移式崩塌	多为软硬相间的岩层	有倾向临空面的结构面	陡坡通常大于55度	滑移面主要受剪切力作用	滑移
鼓胀式崩塌	黄土、黏土、坚硬岩层下伏软弱岩层	上部为垂直节理，下部为近水平的结构面	陡坡	下部软岩受垂直挤压作用	鼓胀伴有下沉、滑移、倾斜
拉裂式崩塌	多见于软硬相间的岩层	多为风化裂隙和重力拉张裂隙	上部突出的悬崖	拉张	拉裂
错断式崩塌	坚硬岩层、黄土	垂直裂隙发育，通常无倾向临空面的结构面	大于45度的陡坡	自重引起的剪切力	错落

按运动形式和速度划分，崩塌可分为散落型崩塌、滑动型崩塌、流动型崩塌，如下图所示。

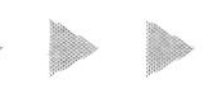

散落型崩塌

滑动型崩塌

流动型崩塌

散落型崩塌　在节理或断层发育的陡坡，或是软硬岩层相间的陡坡，或是由松散沉积物组成的陡坡，常形成散落型崩塌。

滑动型崩塌　沿某一滑动面发生崩塌，有时崩塌体保持了整体形态，与滑坡很相似，但垂直移动距离往往大于水平移动距离。

流动型崩塌　松散岩屑、砂、黏土，受水浸湿后产生流动型崩塌。这种类型的崩塌和泥石流很相似，但其运动的垂向距离远远大于水平距离，称为崩塌型泥石流。

崩塌的形成条件

崩塌具有自身独特的形成机理，其形成和演化具有一定的规律性。崩塌形成的条件分为内在条件和外在条件，内在条件指的是地质环境因素，包括岩土体类型、地质构造、地形地貌等，外在条件指的是触发因素，包括地震、融雪、降雨、地表水冲刷、浸泡、采矿活动、道路工程开挖、水库蓄水与渠道渗漏、堆（弃）渣填土加载和强烈的机械振动等。

内在条件

岩土体类型、地质构造、地形地貌三个条件，统称为地质条件，它是形成崩塌的基本条件。

岩土体类型　岩土体是产生崩塌的物质条件，通常坚硬的岩石和结构密实的黄土容易形成规模较大的崩塌体，软弱的岩石及松散土层通常以坠落和剥落为主。

地质构造　各种构造面，如节理、裂隙面、岩层界面、断层等，对坡体的切割、分离，为崩塌的形成提供脱离母体（山体）的边界条件。坡体中裂隙越发育，越易产生崩塌，与坡体延伸方向近于平行的陡倾构造面，最有利于崩塌的形成。

地形地貌　江、河、湖（水库）、沟的岸坡与各种山坡、铁路、公路的边坡和工程建筑物边坡及各类人工边坡都是有利于崩塌产生的地貌部位，坡度大于 45 度的高陡斜坡、孤立山嘴或凹形陡坡均为崩塌形成的有利地形。

外在条件

地震　地震引起坡体晃动，破坏坡体平衡，从而诱发崩塌。一般烈度大于 7 度的地震都会诱发大量崩塌。

地震诱发崩塌

融雪诱发崩塌

融雪、降雨　融雪、降雨特别是大雨、暴雨和长时间的连续降雨，使地表水渗入坡体，软化岩、土及其中软弱面，产生孔隙水压力等，从而诱发崩塌。

地表水冲刷、浸泡　河流等地表水体不断地冲刷坡脚或浸泡坡脚，削弱坡体支撑或软化岩、土，降低坡体强度，也能诱发崩塌。

降雨诱发崩塌

地表水冲刷诱发崩塌

采矿活动　我国在采掘矿产资源活动过程中出现崩塌的例子很多，有露天采矿场边坡崩塌，也有地下采矿形成采空区引起的地表崩塌。

道路工程开挖　修筑铁路、公路时，开挖边坡切割了外倾的或缓倾的软弱地层，大爆破对边坡的强烈振动，以及削坡过陡都可以引起崩塌。

采矿活动诱发崩塌

道路工程开挖诱发崩塌

水库蓄水与渠道渗漏　这里主要是指水的浸泡和软化作用，以及水在岩体（土体）中的静水压力、动水压力，可能导致崩塌发生。

堆（弃）渣填土加载　堆渣、弃渣、填土如果处于可能产生崩塌的地段，就增加了可能的崩塌体的重量，从而可能诱发崩塌。

强烈的机械振动　火车、机车行进中的振动，工厂锻轧机械振动均可诱发崩塌。

渠道渗漏诱发崩塌

强烈的机械振动诱发崩塌

为了形象地描述崩塌的形成条件，可以用陡、裂、空、落四个字进行概括。

陡　地形坡度大于 45 度、高度大于 30 米的坡体，或坡体成孤立山嘴，或凹形陡坡。

裂　坡体内部裂隙发育，尤其垂直和平行斜坡延伸方向的陡裂隙发育或顺坡裂隙、软弱带发育；坡体上部已发育拉张裂隙，并且切割坡体的裂隙、裂缝可能贯通，使之与山体形成分离之势。

陡

裂

空　坡体前部存在临空空间，崩塌体可以向着临空方向向下滚动。

落　在地震、融雪、降雨、地表冲刷、人工不合理的工程活动等作用下，具备上述三个条件的坡体会突然脱离山体发生倾倒、坠落或垮塌等现象。

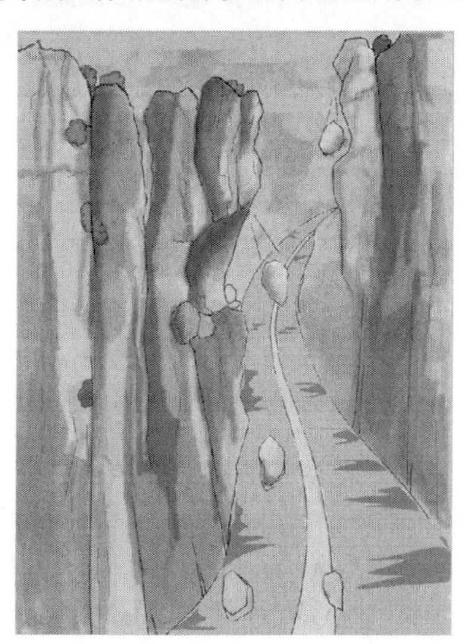

空

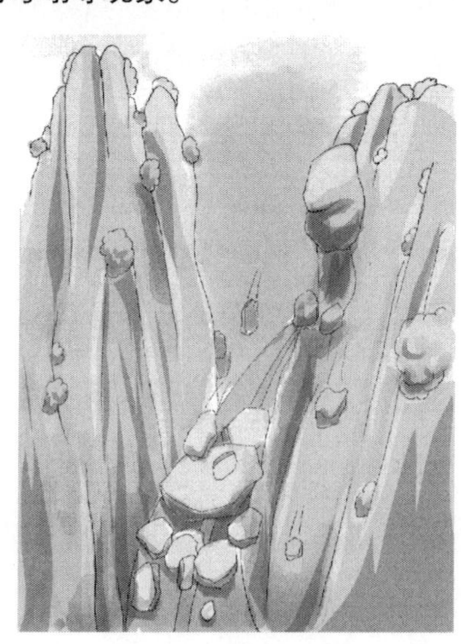

落

崩塌的危害

大规模的崩塌现象常常给工程建设、社会生产和人民生命财产安全造成巨大的伤害。

高速运动的岩土体具有强大的动能，可能会对崩塌周围及其下方的建筑物、人和动物的生命构成威胁。

大型崩塌会堵塞、掩埋沿线的公路、铁路，给交通安全带来威胁。我国兴建天兰铁路时，为了防止崩塌掩埋铁路，耗费了大量人力和财力。

堵塞铁路

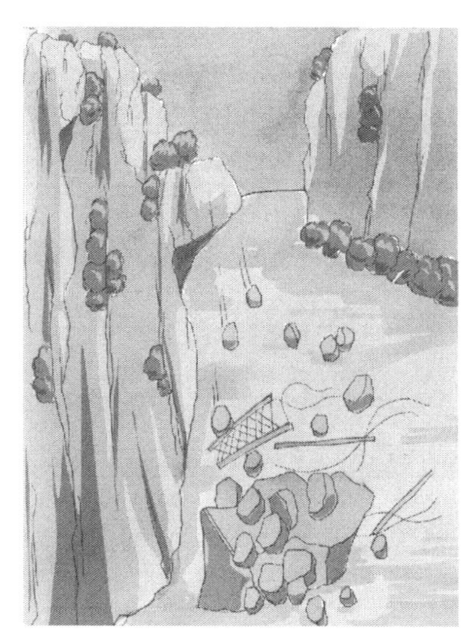

损坏建筑

崩塌有时还会使河流堵塞形成堰塞湖，这样就会将上游建筑物及农田淹没。在宽河谷中，崩塌由于能使河流改道，改变河流性质，而造成急湍地段。

典型实例　1980 年 6 月 3 日，湖北省远安县盐池河磷矿发生了严重的岩石崩塌。山崩时，鹰嘴崖部分山体从海拔 700 米处向下俯冲到海拔 500 米处的谷地。在山谷中形成南北长 560 米、东西宽 400 米、厚 20 米的堆积体，崩塌堆积的体积超过 100 万立方米，最大岩块有 2 700 多吨重。顷刻之间在盐池河上筑起了一座高 38 米的堤坝，构成了一座天然湖泊。这次灾难中，乱石块把磷矿的五层大楼掀倒、掩埋，还毁坏了该矿的设备，并造成 307 人死亡，损失十分惨重，成为我国历史上损失最大的崩塌灾害之一。

损毁大坝

盐池河山体产生灾害性崩塌具有多方面的原因。除地质基础因素外，地下磷矿层的开采是上覆山体变形崩塌的最主要的人为因素。这是因为：磷矿层赋存在崩塌山体下部，在谷坡底部出露。该矿采用房柱采矿法及全面空场采矿法，1979 年 7 月采用大规模爆破房间矿柱的放顶管理方法，加速了上覆山体及地表的变形过程。采空区上部地表和崩塌山体中先后出现地表裂缝达 10 条。裂缝产生的部位都分布在采空区与非采空区对应的边界部位。这说明地表裂缝的形成与地下采矿有着直接的关系。后来裂缝不断发展，在降雨激发之下，终于形成了严重的崩塌灾害。

盐池河崩塌全貌图（徐开祥提供）

在发现山体裂缝后，该矿曾对裂缝的发展情况进行了设点简易监测，虽已掌握一些实际资料，但不重视分析监测资料，没有密切注意裂缝的发展趋势，因而不能正确及时预报，这也是造成这次灾难性崩塌的主要教训之一。

◎灾向地生——滑坡

滑坡

滑坡俗称“走山”“垮山”“地滑”等，是斜坡发生大规模破坏的一种形式，是指斜坡上的岩土体（岩体和土体），在重力作用下，沿着一定的软弱面或软弱带，整体顺山坡向下滑动的地质现象，是自然作用或与人类活动等因素综合作用的产物。

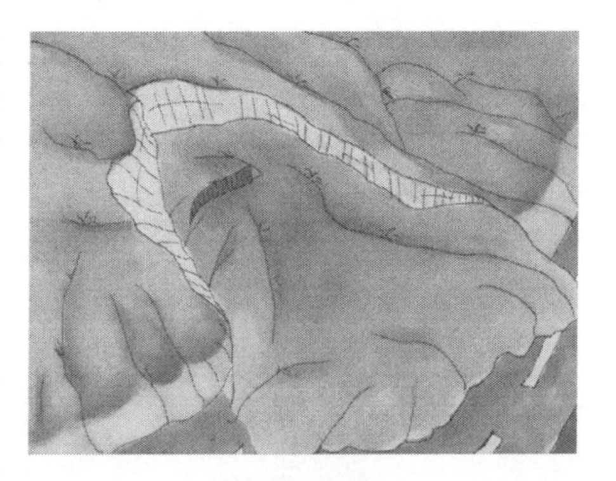

滑坡示意图

以下对滑坡组成要素进行介绍:

滑坡壁　滑坡壁指滑坡体后缘与不动的山体脱离开后，暴露在外面的形似壁状的分界面。

滑坡洼地　滑坡洼地指滑动时滑坡体与滑坡壁拉开，形成的沟槽或中间低、四周高的封闭洼地。

滑坡阶地　滑坡阶地指滑坡体滑动时，由于各种岩、土体滑动速度的差异，在滑坡体表面形成的台阶状的错落台阶。

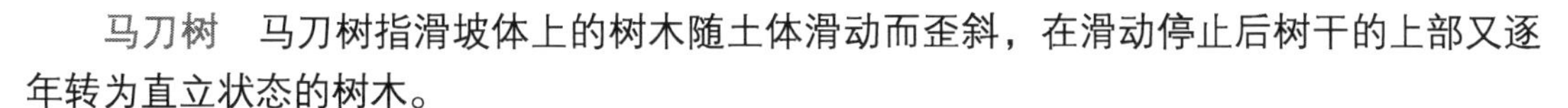

马刀树　马刀树指滑坡体上的树木随土体滑动而歪斜，在滑动停止后树干的上部又逐年转为直立状态的树木。

滑坡舌　滑坡舌指滑坡前缘形如舌状的凸出部分，简称滑舌。

滑坡鼓丘　滑坡鼓丘指滑坡体前缘因受阻力而隆起的小丘。

滑动面　滑动面指滑坡体沿下伏不动的岩、土体下滑的分界面，简称滑面。

滑坡体　滑坡体指滑坡的整个滑动部分，简称滑体。

滑带　滑带指平行滑动面受揉皱及剪切的破碎地带，又称滑动带。

滑坡泉　滑坡泉指滑坡发生后，改变了原有斜坡的水文地质结构，在滑坡内或滑体周缘形成的新的地下水集中排泄点。

滑坡床　滑坡床指滑坡体滑动时所依附的下伏不动的岩、土体，简称滑床。

滑坡周界　滑坡周界指滑坡体和周围不动的岩、土体在平面上的分界线。

滑坡裂缝　滑坡裂缝指滑坡活动时在滑体及其边缘所产生的一系列裂缝。位于滑坡体上（后）部多呈弧形展布者，称拉张裂缝；位于滑体中部两侧，滑动体与不滑动体分界处者，称剪切裂缝；剪切裂缝两侧又常伴有羽毛状排列的裂缝，称羽状裂缝；滑坡体前部因滑动受阻而隆起形成的张裂缝，称鼓胀裂缝；位于滑坡体中前部，尤其在滑舌部位呈放射状展布者，称扇状裂缝。

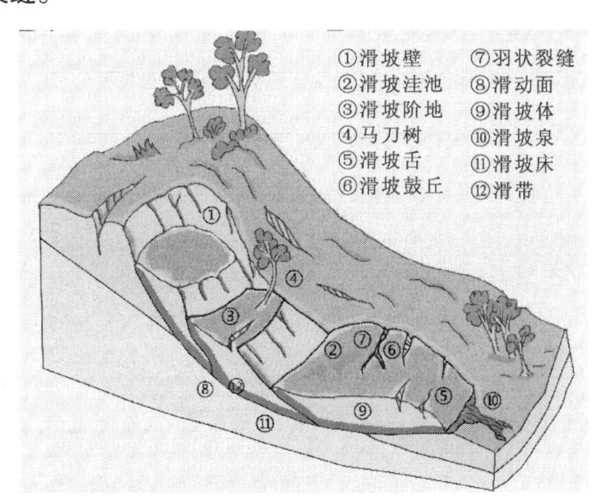

滑坡组成要素示意图

以上有些滑坡组成要素并非在任何一个滑坡都能见到，只有在发育完全的新生滑坡中才可能同时出现。

滑坡的类型

目前对于滑坡分类的方法有很多，各方法所侧重的分类原则也不同。

按滑坡体积分类

滑坡可分为小型滑坡（小于 10 万立方米）、中型滑坡（10 万 ~ 100 万立方米）、大型滑坡（100 万 ~ 1 000 万立方米）和特大型滑坡（大于 1 000 万立方米）。

按滑动面与层面关系分类

这种分类应用很广，是较早的一种分类，可分为均质滑坡、顺层滑坡和切层滑坡三类。

均质滑坡是发生在均质的没有明显层理的岩体或土体中的滑坡。

顺层滑坡一般是指沿着岩层层面发生的滑坡，特别是有软弱岩层存在时，易成为滑动面。那些沿着断层面、大裂隙面的滑动，以及残坡积物顺其与下部基岩的不整合面的下滑均属于顺层滑坡的范畴。

切层滑坡滑动面与岩层面相切，常沿倾向山外的软弱结构面发生，多发生于逆向或者近水平的斜坡。

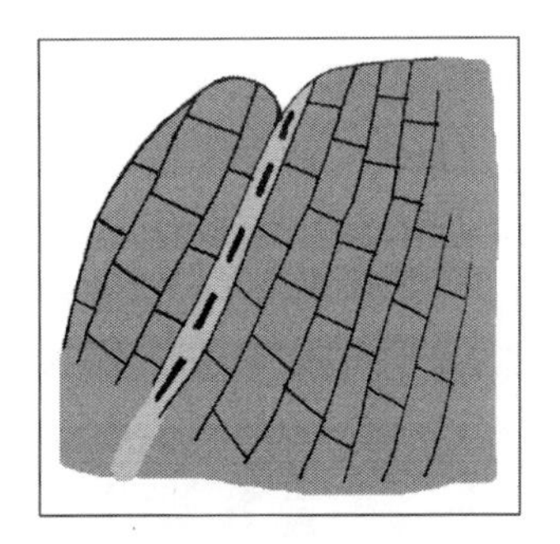

顺层滑坡示意图

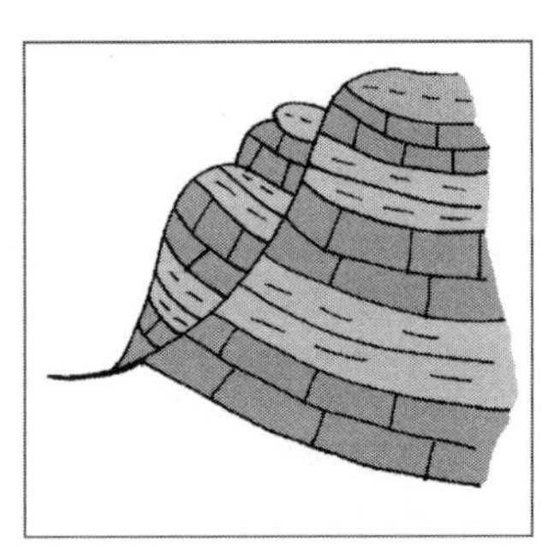

切层滑坡示意图

按滑动力学性质分类

主要按初始滑动位置（滑坡源）所引起的力学特征进行分类。这种分类对滑坡的防治有很大意义。一般根据初始滑动部位不同而分为牵引式、推移式、平移式和混合式。

牵引式滑坡首先是在斜坡下部发生滑动，然后逐渐向上扩展，引起由下而上的滑动，这主要是由斜坡底部受河流冲刷作用或人工开挖造成的。

推移式滑坡主要是由斜坡上部张开裂缝发育或因堆积重物和在坡上部进行建筑活动等引起，上部失稳始滑而推动下部滑动。

牵引式滑坡示意图

推移式滑坡示意图

平移式滑坡滑动面一般较平缓，始滑部位分布于滑动面的许多点，这些点同时滑移，然后逐渐发展连接起来。

混合式滑坡是始滑部位上下结合，共同作用。混合式滑坡比较常见。

混合式滑坡示意图

部分学者针对三峡库区涉水滑坡将滑坡分为浮托减重型、动水压力型和复合型三类。

浮托减重型滑坡的库水位升降主要影响滑坡前缘抗滑段。库水上升时，所受浮托力增强，抗滑力减小，从而滑坡稳定性降低；库水下降时，所受浮托力减弱，抗滑力相对增加，从而滑坡稳定性有所提高。

动水压力型滑坡的库水位升降主要影响滑坡上部下滑段。库水上升时，所受浮托力增加，下滑力减小，从而滑坡稳定性提高；库水下降时，所受浮托力减弱，同时坡体由内向外的渗透压力增加，从而降低滑坡稳定性。

浮托减重型滑坡理解图

动水压力型滑坡理解图

复合型滑坡包括浮托减重型滑坡和动水压力型滑坡两种情形。

滑坡的形成条件

滑坡形成的条件分为内在条件和外在条件，内在条件指的是滑坡本身的地质环境因素，包括地形地貌、岩土体类型、地质构造和地下水，外在条件指的是诱发滑坡的因素，包括降雨、地震、水的冲刷、浸泡、修建工程、爆破堆载、水利工程运行。

内在条件

地形地貌　滑坡的形成首先需要一定的地形条件，只有具备一定坡度的斜坡，才可能发生滑坡。一般江、河、湖（水库）、海、沟的斜坡，前缘开阔的山坡、铁路、公路和工程建筑物的边坡等都是易发生滑坡的地貌部位。坡度大于 10 度、小于 45 度，下陡中缓上陡，上部成环状的坡形是产生滑坡的有利地形。

岩土体类型　岩土体是产生滑坡的物质基础。结构松散、抗风化能力较低、遇水性质变化的岩土体（如松散覆盖层、黄土、红黏土、页岩、泥岩、煤系地层、凝灰岩、片岩、板岩、千枚岩等软硬相间的岩层）所构成的斜坡易发生滑坡。

地质构造　组成斜坡的岩体只有被各种构造面切割分离成不连续状态时，才有可能向下滑动。同时，构造面又为降雨等水流进入斜坡提供了通道，如断裂带、地震带等。通常地震烈度大于 7 度的地区，坡度大于 25 度的坡体，在地震中极易发生滑坡；断裂带中的岩体破碎，裂隙发育，非常有利于形成滑坡。

地下水　地下水活动在滑坡形成中起着主要作用。它的作用主要表现在：软化、潜蚀岩土体，增大岩土体容重，降低岩土体的强度，产生动水压力和浮托力等，尤其是对滑面（带）的软化作用和降低强度作用最突出。

外在条件

外在条件可以划分为自然诱发条件和人为诱发条件。

自然诱发条件主要包括降雨、地震和水的冲刷、浸泡。

降雨　降雨是诱发滑坡的主要因素之一，据资料统计，绝大多数滑坡的发生都与降雨有关。滑坡与降雨关系密切，因此，在每天的天气预报中，一旦预报哪里会有大雨或暴雨，预报员就会提醒我们注意滑坡和泥石流等地质灾害的发生。

降雨诱发滑坡

滑坡体就像海绵，降雨条件下，大量的雨水会由坡面渗入坡体中，都被岩土体吸收，若坡面有裂缝，则吸收速度更快，从而使岩土体吸满水，形成整体饱水状态。饱水状态下的岩土体重量增大；雨水还会使岩土体发生软化效应，降低抗滑能力；最后导致滑坡的产生。不少滑坡具有大雨大滑、小雨小滑、无雨不滑的特点。

降雨诱发滑坡有的发生在暴雨、大雨和长时间的连续降雨之后，在时间上表现出滞后性，滞后时间的长短与滑坡体的岩性、结构及降雨量的大小有关。一般来讲，滑坡体越松散，裂隙越发育，降雨量越大，滞后时间越短。

典型实例 2015年6月24日，巫山龙江红岩子滑坡发生。红岩子滑坡位于大宁河左岸，邻近长江入大宁河河口，巫山县城对面，滑坡体纵长约180米，横宽约170米，平面分布面积3万平方米，滑体平均厚度约20米，体积约60万立方米。

巫山龙江红岩子滑坡全貌

滑坡滑动前1月滑坡区域持续降雨，5月1日～6月24日总降雨量346.3毫米，较常年同期偏多39.3%，较2014年同期偏多74.4%，其中6月16～17日降雨量达101.5毫米。持续降雨使大量的雨水入渗滑坡体内，降低了滑坡土体强度，增加了滑体自重，致使滑坡失稳。6月24日18时25分，滑坡沿中后部裂缝发生整体滑移，已滑塌区横宽约120米、纵长约180米，体积约32万立方米。因滑坡滑移速度快，一次性入江体量大，形成了5～6米高的涌浪，涌浪造成1.7千米外1名在长江游泳的8岁儿童死亡；涌浪引起11处码头的固定船只的钢缆崩断，造成岸边5人受伤，同时造成1艘海巡艇和13艘渔船翻沉。滑坡体后缘1处简易棚房垮塌。虽然该滑坡高速度滑塌，大体量入江，产生涌浪较大，但是滑坡发生前，巫山县在第一时间对滑坡体影响范围内的人员进行了全部撤离，对滑坡对岸旅游码头、古城码头等港口作业区和人口密集区船只予以归港，人员予以疏散。由于监测预警及时，应急处置得当，最大限度减少了人员伤亡和船舶等的财产损失。

地震 天然地震本来就是一种内动力地质灾害，同时它也是诱发滑坡的主要外界因素之一，又可以将地震诱发滑坡称为地震引起的次生地质灾害。

地震引起的强烈振动使山坡内部岩土体结构发生改变，原有的裂隙进一步扩张连通，同时往往伴随着地下水的起伏变化，这时地下水位的大幅度变化对山坡稳定是非常不利的因素，往往诱发山体滑坡。

一次强烈地震的发生往往伴随着许多余震，在地震力的反复振动冲击下，其中的土石体发生结构形状的改变，最后发展形成滑坡；初始斜坡上部坡度较大，山体结构破碎，裂隙发育，在水平和竖直地震力的作用下，上部山体被抛出，迅速下落，并撞击下部岩石，崩解粉碎，进而形成高速滑坡。

水的冲刷、浸泡　水的冲刷作用主要是指河流或海浪的冲蚀作用，是一种机械的磨蚀作用，不断地侵蚀滑坡坡脚，造成滑坡体不稳，形成滑坡；地表水的浸泡作用主要指河湖水体对岸坡岩土体的化学溶蚀或软化过程，形成溶蚀沟槽或洼地，造成滑坡坡脚破坏，形成滑坡。

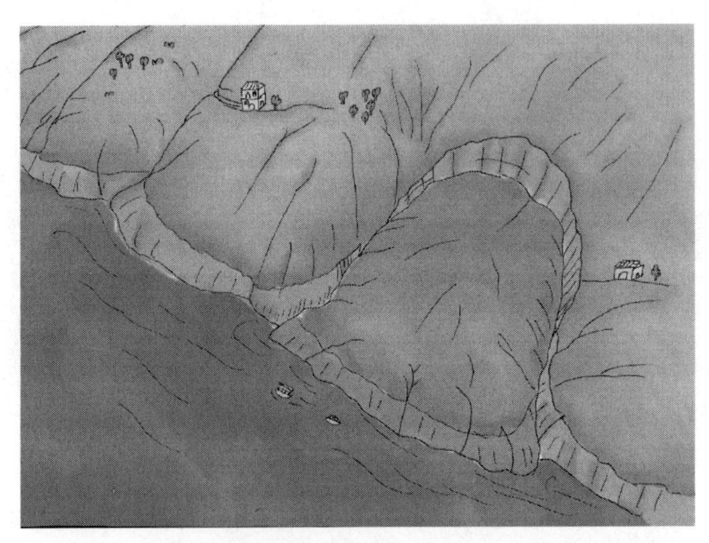

水流冲刷诱发的滑坡

人为诱发条件主要包括修建工程、爆破堆载、水利工程运行。

修建工程　修建铁路、公路，依山建房、建厂等工程常常因为不科学开挖坡脚，引起滑坡。坡脚位于山坡与地面的交接部位，开挖坡脚改变了坡体中下部的受力分布，底部抗滑段土方开挖减小了滑坡抗滑力，增大了下滑力，最终滑坡下滑力超过抗滑力，导致滑坡或古滑坡复活。

爆破堆载　劈山开矿的爆破作用，会对地表产生振动作用，使山坡的土体受振动作用而破碎，产生滑坡；在山坡上乱砍滥伐，使坡体失去保护，有利于雨水渗入，从而诱发滑坡；厂矿废渣的不合理堆弃，使斜坡支撑不了过大的重量，失去平衡而沿软弱面下滑，产生滑坡；如果上述的人类工程活动与不利的自然地质环境相结合，则更容易促进滑坡的形成。

水利工程运行　水库蓄水时，大量的水会渗入坡体内，从而增大了坡体内部的重量，同时对岩土体的强度有软化作用，当坡脚支撑不了坡体整体重量时，就容易发生滑坡。水库泄水时，由于水库水位的下降速度比坡体内水渗出速度快，在坡体内外部会产生一个水压力差，这样会产生渗透力，从而可能导致滑坡的产生。

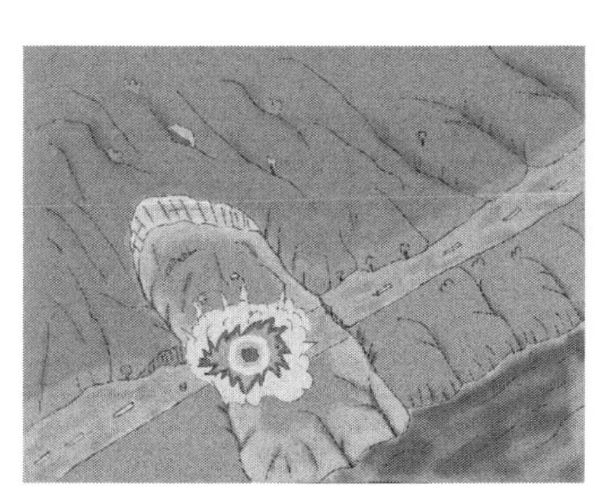

爆破堆载诱发的滑坡

水利工程运行诱发的滑坡

滑坡形成的条件

通俗来说，一个滑坡从孕育到形成，简单地可用四个字来归纳：裂、蠕、滑、稳，也就是滑坡的四个阶段。

裂　滑坡隐患，在山坡的上部出现的裂缝多是弧形或密集的小裂缝，沿一定方向延伸。

蠕　滑坡发展，滑坡体在重力作用下渐渐向坡下方移动，如同蚯蚓，时间有时很慢很慢，长达几年，甚至几十年。

裂

蠕

滑　滑坡发生，当软弱的岩土层被断开后，滑坡体会沿着其下部的基岩（滑床）往下滑，就像在公园里乘坐的滑梯一样。

稳　滑坡停止，滑坡从陡坡滑到平地后，坡度变缓，能量耗尽，滑动变慢直到停止，滑坡堆积于坡脚。

滑

稳

滑坡稳定性的野外判别

在野外，根据一些外表迹象和特征，可粗略地对滑坡的稳定性进行判别。

已稳定的老滑坡体有以下特征：

（1）后壁较高，长满了树木，找不到擦痕，且十分稳定。

（2）滑坡平台宽大且已夷平，土体密实，有沉陷现象。

（3）滑坡前缘的斜坡较陡，土体密实，长满树木，无松散崩塌现象，前缘迎河部分有被河水冲刷过的现象。

（4）河水远离滑坡的舌部，甚至在舌部外已有漫滩、阶地分布。

（5）滑坡体两侧的自然冲刷沟切割很深，甚至已达基岩。

（6）滑坡体舌部的坡脚有清晰的泉水流出等。

不稳定的滑坡体常具有下列迹象：

（1）滑坡体表面总体坡度较陡，而且延伸很长，坡面高低不平。

（2）有滑坡平台，面积不大，且有向下缓倾和未夷平现象。

（3）滑坡表面有泉水、湿地，且有新生冲沟。

（4）滑坡表面有不均匀沉陷的局部平台，参差不齐。

（5）滑坡前缘土石松散，小型坍塌时有发生，并面临河水冲刷的危险。

（6）滑坡体上无巨大直立树木。

滑坡的危害

滑坡作为山区的主要自然灾害之一，常常给工农业生产及人民生命财产造成巨大损失，有的甚至造成毁灭性的灾难。

滑坡对建筑物的破坏　位于滑坡体上或者在滑坡附近的建筑物，滑坡都会对其产生影响，在不稳定斜坡上修建的民房可能会遭受局部或完全破坏，滑坡会使房屋的地基、墙壁、周围设施、地上和地下设施破坏或失稳，在滑坡运动变形初期，滑坡上的房屋墙体会出现开裂，这也是识别斜坡体是否成为滑坡体的一个重要特征；当滑坡进入快速运动时期，滑坡上的房屋很可能整体倾倒、倒塌，而处于滑坡下方的房屋则可能被整体破坏。

典型实例　1982 年 7 月，重庆市云阳县地区连降暴雨，月降雨量达 633.2 毫米；17 日 20 时，位于云阳老县城下游 1 千米处的鸡扒子长江左岸斜坡失稳，滑坡发生前、后的 24 小时降雨量达 240.9 毫米，1 小时最大降雨量达 38.5 毫米。变形初期，滑坡后缘 1.7 万平方米的土石坍滑到石板沟并将其堵塞，从而导致高强度降雨从后缘渗入滑体，由于雨量太大，持续时间又长，地表排泄不畅，大量的雨水渗入古滑坡的滑带及滑体内，造成滑体物理力学性能下降。18 日 2 时，斜坡发生剧烈滑动，最大滑速达 12.5 米/秒，滑体前缘推入江中并直达对岸，最大滑距达 200 米，最终达 350 米，形成西侧壁长 1.4 千米，东侧壁长 1.6 千米，面积为 0.77 平方千米、体积为 1 500 万立方米的巨型滑坡，其中约 230 万立方米滑体滑入长江航道。

鸡扒子滑坡前、后库岸地貌图

重庆市云阳县鸡扒子滑坡虽未造成人员伤亡，但毁坏房屋 1 730 间，农业生产直接经济损失共 600 万元（按当时价格计）。更为严重的是，由于大量石块坠入长江中，长江河床淤高 40 米，形成 700 米的急流险滩，长江航运被迫中断 7 天，航道整治费高达 8 000 万元，间接经济损失 1 000 万元。

鸡扒子滑坡俯视图

滑坡对交通设施的危害　山体滑坡不仅会造成一定范围内的人员伤亡、财产损失，而且会对道路交通造成严重威胁，会掩埋甚至摧毁公路、铁路，造成道路堵塞，给交通带来不便。

典型实例　铁西滑坡位于成昆铁路铁西站内，于 1980 年 7 月 3 日 15 时 30 分发生滑动，可以说是迄今为止发生在我国铁路史上最严重的滑坡灾害，被称为“铁西滑坡”。铁西滑坡位于四川省越西县凉山牛日河左岸谷坡上，后缘高程为 1 860 米，前缘高程为 1 620 米，剪出口高程约为 1 630 米，相对高差 240 米，滑体厚 30 ~ 60 米，滑坡体积约为 220 万立方米，发育地层为侏罗系砂岩、页岩及泥岩，岩层倾角 40 ~ 50 度，倾向铁路及牛日河，滑坡体顺着岩层面滑动，属于顺层岩质滑坡。滑坡主要是由人类工程活动引起的——大量采石，将山坡下部采空，使山坡失去平衡，从而诱发滑坡。滑坡体从长 120 米、高 40 ~ 50 米的采石场边坡下部剪切滑出，剪出口高出采石场平台和铁路路基面 10 米左右，滑坡体填满采石场后，继续向前运动，掩埋铁路涵洞、路基，堵塞铁西隧道双线进洞口，堆积在路基上的滑坡体厚达 14 米。越过铁路达 25 ~ 30 米，掩埋铁路长 160 米，中断行车 40 天，造成严重的经济损失，仅工程治理费就达 2 300 万元。

滑坡形成的次生灾害

滑坡除直接成灾外，还常常引起 “连带性”或“延续性”灾害，即造成次生灾害。滑坡引起的常见次生灾害是涌浪、泥石流和堰塞湖。

滑坡体落入江河中，可形成巨大涌浪，造成较大的危害，击毁对岸建筑设施和农田、道路，推翻或击沉水中船只，造成人员伤亡和财产损失；落入水中的土石有时形成激流险滩，威胁过往船只，影响或中断航运；落入水库中的滑坡体可产生巨大涌浪，有时涌浪翻越大坝，冲向下游，形成水害。

滑坡滑动后形成的松散堆积物为泥石流累积固体物质源，促使泥石流灾害的发生；或者在滑动过程中在雨水或流水的参与下直接转化成泥石流。

滑坡堆积物会阻断河流，形成天然坝，引起上游回水，使江河溢流，造成水灾，或堵河成库，一旦库水溃决，便形成泥石流或洪水灾害。

涌浪

河流、水库的库岸滑坡体突然滑入其中，激起巨大的波浪，我们习惯上称之为涌浪。涌浪以滑坡体冲入水体的位置为中心点，向上游和下游推进，引起水体表面迅速变化。滑坡很可能在水体中掀起巨大的涌浪，冲击两岸或向下游推进，可击毁对岸建筑设施、农田和道路，推翻或击沉水中船只，产生灾难性的后果。所以濒水的滑坡灾害应急处置中应充分考虑涌浪可能产生的威胁，包括威胁对象、影响范围等。

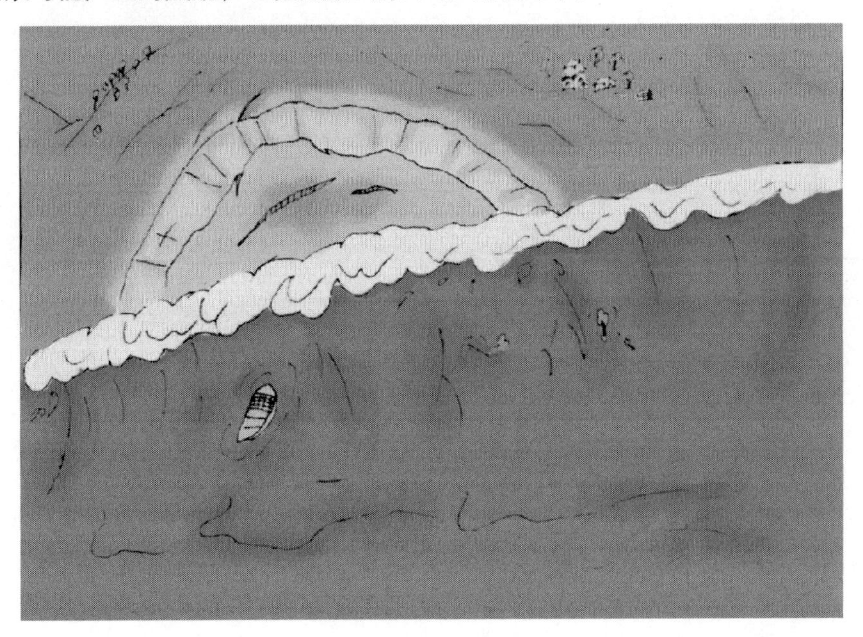

涌浪示意图

影响涌浪大小的因素

滑坡体滑动冲入水体以后，将引起水体表面的迅速变化，短时间内形成巨大破坏力，人们往往没有时间躲避，所以对于涌浪威胁主要是预防。因此，必须要熟悉影响涌浪大小的因素，总结下来主要有以下几方面。

滑坡体形状 楔形滑体形成的涌浪最大，其次是矩形，而椭圆形滑体形成的涌浪最小。

滑面倾角 相同条件下，滑面的倾角越陡，产生的涌浪高度越大。

滑体体积　滑体的体积对其入水后形成的涌浪高度影响较大，总体来说，涌浪高度随着体积的增加而呈现增加趋势。

河（江）面宽度　涌浪达到对岸后，由于受到阻挡作用，对岸对涌浪的影响逐渐增加，河（江）面宽度越小，产生的涌浪越高。

河水（江）深度　涌浪产生的大小与河水的深度有较大关系，一般来讲，河水越深，产生的涌浪越高。

防范涌浪危险

涌浪发生后会在短时间内产生巨大的破坏，群众来不及躲避，所以修建建筑物时应考虑可能产生涌浪的危险，类似三峡大坝等重大工程，在设计时都考虑过其能经受多大的涌浪袭击。对于普通民用房屋，修建时也应考虑涌浪威胁，选址时尽量远离水库岸边。

对于库区突发性的滑坡险情，在滑坡应急处置当中，专业技术人员应当分析计算涌浪产生的大小、影响的范围等。海事局、农业局渔政站应据此发出警报信息，负责水上安全管控，设立船舶禁航区：水上高于 1.5 米涌浪范围禁止渔船作业，所有渔船驶离危险区，人员上岸，船舶锚固；民兵管控邻水居民，组织巡逻，撤离邻水居民，受涌浪威胁的居民临时投亲靠友或由政府统一安排临时住所，不得在涌浪波及范围内生活。

滑坡涌浪实例　1963 年 10 月 9 日 22 时 39 分，位于意大利北部威尼斯省瓦依昂河下游瓦依昂水库左岸近坝地段发生巨型滑坡。连日大雨刚刚停息，这是一个雨后晴朗的夜晚，瓦依昂山谷仿佛睡着了一般，夜幕下的一切都显得那么静谧安宁。就在这一刻，瓦依昂水库南坡一块南北宽超过 500 米、东西长约 2 000 米、平均厚度约 250 米的巨大山体忽然发生滑坡，超过 2.7 亿立方米的土石以 100 千米/时的速度呼啸着涌入水库，随即又冲上对面山坡，达到数百米的高度，整个时间不超过 45 秒。滑坡时发出的巨大轰鸣声几十千米以外都能听见。

此时水库中仅有 5 000 万立方米蓄水，不到设计库容的 1/3。所有的水在一瞬间沸腾起来，横向滑落的滑坡体在水库的东、西两个方向上产生了两个高达 250 米的涌浪：东面的涌浪沿山谷冲向水库上游，将上游 10 千米以内的沿岸村庄、桥梁悉数摧毁；西面的涌浪高于大坝 150 米，翻过大坝冲向水库下游，由于坝下游河道太狭窄，越坝洪水难以迅速衰减，涌浪前峰到达下游峡谷出口时仍然高达 70 米。先前设置的防洪设施在巨大的洪水面前形同虚设，洪水涌入皮亚韦河，彻底冲毁了下游沿岸的 1 个市镇和 5 个村庄。从滑坡开始到灾难发生，整个过程不超过 7 分钟，共有 1 900 余人在这场灾难中丧命、700 余人受伤。巨大的空气冲击波使电站地下厂房内的行车钢梁发生扭曲剪断，将廊道内的钢门推出 12 米，正在厂房内值班和住宿的 60 名技术人员除 1 人幸存外，其余全部死亡；正在坝顶监视安全的设计者、工程师和工人无一幸免。

这场灾难从滑坡发生到坝下游成灾，过程不到 7 分钟。岩土体滑入水库，致使坝前约 1.5 千米长的库段被填满，成为“石库”，因而整个水库失效报废，而当时世界上最高的超薄混凝土双曲拱坝却安然无恙，只是坝顶部小有损伤。

下面为滑坡发生前、后瓦依昂水库及下游村庄对比图。

滑坡发生前的瓦依昂水库

滑坡发生后的瓦依昂水库

滑坡发生前的下游村庄

滑坡发生后的下游村庄

堰塞湖

山体岩石滑落至河流、水库等堵断河流形成天然坝后储水而形成的湖泊为堰塞湖。堰塞湖引起上游回水，使江河溢流，堤坝上游地区被水淹没，堰塞湖坝体结构一般松散，基本没有胶结，容易在顶部溢流冲刷或渗透水压力作用下溃决，溃决产生的洪水或泥石流会对下游产生严重的危害。一旦由于各种地质作用形成堰塞湖，应当在第一时间做好应急处置，以免威胁到坝体上游和下游老百姓的生命安全。

滑坡堰塞湖实例　2000 年 4 月 9 日，易贡藏布下游左岸纳雍嘎布山的扎木龙巴峰发生特大崩塌滑坡型泥石流，3 亿立方米的滑坡体在 10 分钟内阻塞了易贡藏布，并在其后的一个月里，在其上游形成了面积达 37 平方千米的堰塞湖，也就是今天的易贡错。

在札木弄沟口的易贡藏布上，形成长 4.6 千米、前沿宽 3 千米、高 60 ~ 100 米的喇叭状天然坝体，整个堆积体的体积竟达 3 亿立方米。据专家计算，崩滑物体运动的垂直落差达 3 000 米，其水平最大运动距离约 8 500 米，平均运动速度达到 48 米/秒。如此超高速运动、远距离运移、巨大堆积体积的特大崩塌滑坡为我国第一，世界罕见，而整个崩滑与堆积过程仅仅用了 6 分钟！在这短短的时间里，大自然完成了相当于 11 座长江三峡大坝的浇筑体积。

巨量堆积物的拥堵，使易贡错水位快速上涨，又时值冰雪融化期和雨季，湖水涨幅日渐加剧。在 60 天的时间里，湖水位日平均涨幅为 0.95 米，最大日涨幅达 2.37 米，水位累计上升 55.36 米，最大水深由 7.2 米增加到 62.1 米，湖面积由 9.8 平方千米扩展到 52.7 平方千米，为山崩堵江前的 5.4 倍，造成湖区大片土地被淹。

山崩发生后，经过现场调研和反复论证，人们选择了“开渠引流”的排险方案，以期尽快降低堆积体的高度，降低下泄洪水水头，减轻灾害。为此，西藏开始了有史以来最大规模的施工力量集结，并在短短的33天就挖成了一个深24米、长850米、宽150米的导流渠，创造了西藏工程史乃至我国水利史上的奇迹。但相对于极其庞大的崩塌滑坡堆积体来说，这不过是在它表面挠了一条浅浅的抓痕，溃坝还是不可避免地到来了。

也许很难用语言来描述溃坝洪水的惊天动地之势和强大破坏力，狂泄的洪水在几小时之内就使下游河水水位暴涨40～50米，河水最大流量达到12.4万立方米/秒，竟是雅鲁藏布江年平均流量（4 425立方米/秒）的28倍！

6月7日开始泄水。不料水势汹涌，将引水渠越冲越宽，大坝在6月10日19时溃决。滔天的洪水沿易贡藏布呼啸而下，21时30分捣毁通麦旧桥，倒灌而入波堆藏布，6月11日3时左右，通麦的水位达到50米（高出旧桥面30米）。洪水荡平了赤隆藏布全段的一切人工设施，破坏力穿过雅鲁藏布江直达墨脱，从通麦到排龙的川藏公路段自然是全部被毁。

这次灾难堵断易贡藏布两个多月，积蓄水量30亿余立方米，易贡茶场和湖边村子土地淹没，4 000余人搬迁，经过武警、解放军紧急挖沟疏导，6月5日引水渠贯通坝面，6月8日发生溃决，60米高的洪峰持续6个小时。至6月11日全湖水放完。此次灾害造成易贡藏布、帕隆藏布和雅鲁藏布大峡谷地区全部桥梁被冲毁，沿江道路包括318国道（川藏公路）上的咽喉通麦大桥被冲毁，沿江道路包括318国道波密—林芝段交通中断。同时，此次灾害使边防要塞墨脱门巴、珞巴民族聚居区的交通运输中断，墨脱、波密、林芝三县90多个乡、近万人受灾后成为与外界断绝联系的孤岛。

洪水过处，下游河道两岸尽是疮痍：易贡藏布、帕隆藏布及雅鲁藏布江沿岸40多年来陆续建成的所有桥梁、道路、通信设施全部被毁，河道断面形状由“V”形被改造为“U”形，河道加宽2～10倍，原来相对稳定的谷坡受到强烈冲蚀和改造，从而造成大面积山体失稳，在河谷两侧诱发了广泛的崩塌、滑坡、泥石流等山地灾害。

这次特大山崩引发的高速滑坡、堵江、淹没、溃坝、洪泛等连锁灾害，留下了触目惊心的足可供人们体验和考察研究的灾害遗迹景观。

易贡藏布特大崩塌滑坡泥石流破坏图

◎山洪猛兽——泥石流

泥石流

泥石流是山区常见的一种自然地质灾害，大多形成于沟谷和坡地，它是由于暴雨或冰湖、水库等溃决而在沟谷或坡面产生的一种携带大量泥沙、石块等固体物质的特殊洪流，是一种危害性极强的地质灾害，有些地方称为“山洪”“龙扒”“水泡”“走蛟”等。泥石流灾害具有突然暴发、运动速度快、蕴含能量大和破坏作用强的特点，是介于流水与滑坡之间的一种地质作用，是一种高浓度的固体、液体混合流。泥石流沿沟谷快速“流动”，如果其流动路径中没有较大的障碍物（天然或人工构筑的拦挡坝），泥石流通常运动到宽阔的山麓平原后才会堆积下来。

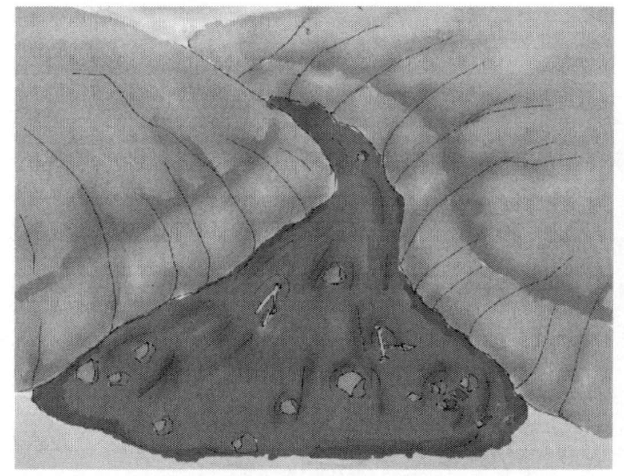

泥石流示意图

物源区

在泥石流经过的区域，我们经常会看到巨大的、散落的石头，或者被巨石撞坏的房屋，泥石流如何形成这么大的力量呢？泥石流能搬运巨石的主要原因是：泥石流在快速运动过程中，砂石对巨石周围的岩土体的强烈冲刷和摩擦作用使巨石很快失去支撑，变得不稳；快速运动的泥石流对巨石有着巨大的冲击作用，很容易推动孤立的巨石，使其产生滚动或滑动；泥石流的密度比水大得多，会对巨石产生巨大的浮力作用，使巨石变得很容易被搬运。

泥石流一般可以划分为物源区、流通区和堆积区。

物源区　泥石流形成的山谷或山坡叫作物源区或泥石流的上游。泥石流多形成于三面环山、一面出口的半圆形宽阔地带，周围的山坡陡峭，表面岩土体破碎、松散，植被稀少。

流通区　泥石流流经的沟谷叫作流通区或泥石流的中游。泥石流的流通区多为狭窄的峡谷，两侧岸坡陡峭，存在较多的陡坎。

堆积区　泥石流的堆积地段叫作堆积区或泥石流的下游。泥石流堆积区一般位于开阔平坦的山口外，常常形成扇形、锥形或带形堆积地貌。

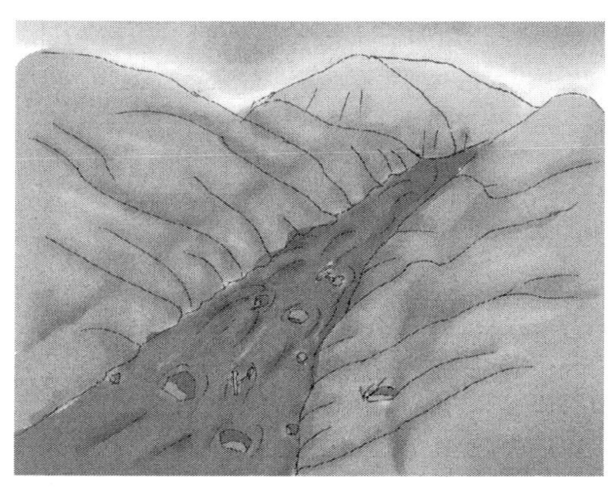

流通区

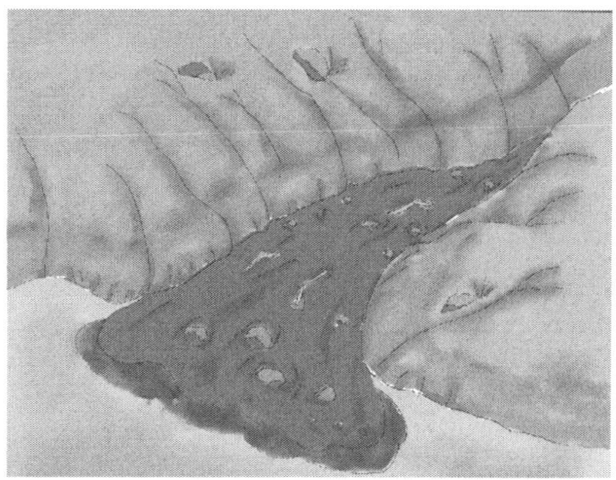

堆积区

泥石流的类型

按照成因 泥石流分为降雨型泥石流、冰川型泥石流和溃坝型泥石流三种类型。

降雨型泥石流由大量降雨引发；冰川型泥石流由冰川融化引发；溃坝型泥石流则由水库溃坝形成。

按照物质组成 泥石流分为泥石流型泥石流、泥水流型泥石流和水石流型泥石流三种类型。

泥石流型泥石流由大量黏土、砂粒和石块组成；泥水流型泥石流含有大量黏性土，呈黏稠状；水石流型泥石流主要由水、砂粒和石块组成。

按照流经区域形态 泥石流分为标准型泥石流、河谷型泥石流、山坡型泥石流三种类型。

标准型泥石流在形状上呈扇形；河谷型泥石流呈狭长条形；山坡型泥石流呈漏斗状。

按照流体性质 泥石流分为黏性泥石流和稀性泥石流两种类型。

黏性泥石流是含大量黏性土的泥石流或泥流，水和泥沙、石块凝聚成一个黏性的整体，黏性大、稠度大，石块呈悬浮状态，暴发突然、持续时间短、破坏力大。当泥石流在堆积区不发生散流时，呈狭长带状如长舌一样向下奔泻和堆积。

稀性泥石流以水为主要成分，黏性土含量少，水为搬运介质，石块以滚动或跳跃的方式前进，其堆积物在堆积区呈扇状，堆积后往往形成“石海”。稀性泥石流在堆积区呈扇状散流，将原来的堆积扇切割成条条深沟。

泥石流的形成条件

泥石流的形成必须同时具备三个条件：陡峻的地形地貌条件、丰富的松散物质来源条件、短时间内有大量的水源条件。

陡峻的地形地貌条件 地形上，山高沟深，地势陡峻，沟床纵坡降大，沟谷形状便于水流汇集。沟谷上游地形多为三面环山、一面出口的瓢状或漏斗状，周围山高坡陡，植被生长不良，有利于水和松散土石的集中；沟谷中游地形多为峡谷，沟底纵向坡度大，使泥

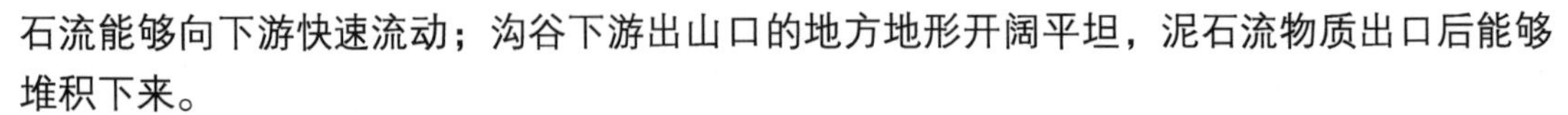

石流能够向下游快速流动；沟谷下游出山口的地方地形开阔平坦，泥石流物质出口后能够堆积下来。

丰富的松散物质来源条件　沟谷斜坡表层岩层结构疏松软弱，易于风化，节理发育，有厚度较大的松散土石堆积物，可为泥石流的形成提供丰富的固体物质来源；人类工程活动往往也为泥石流提供大量的物质来源。

短时间内有大量的水源条件　水既是泥石流的重要组成部分，又是泥石流的重要激发条件和动力来源。泥石流的水源有暴雨、冰雪融水和水库（池）溃决下泄水体等。

泥石流的几种重要诱发因素

不合理开挖　修建铁路、公路、水渠及其他工程建筑时的不合理开挖会诱发泥石流。有些泥石流就是在修建公路、水渠、铁路及其他建筑活动中，破坏了山坡表面而形成的。例如，云南省东川至昆明公路的老干沟，因修公路及水渠，山体遭到破坏，加之 1966 年犀牛山地震形成的崩塌、滑坡，致使泥石流更加严重。又如，香港多年来修建了许多大型工程和地面建筑，几乎每个工程都要劈山填海或填方，才能获得合适的建筑场地，1972 年的一次暴雨，使正在施工的挖掘工程现场的 120 人死于滑坡造成的泥石流。

弃土弃渣采石　这种行为形成的泥石流的事例很多。例如，四川省冕宁县泸沽铁矿汉罗沟，因不合理堆放弃土、矿渣，1972 年的一场大雨引发了矿山泥石流，冲出松散固体物质约 10 万立方米，淤埋成昆铁路 300 米和喜（德）—西（昌）公路 250 米，中断行车，给交通运输带来严重损失。又如，甘川公路西水附近，1973 年冬在沿公路的沟内开采石料，1974 年 7 月 18 日发生泥石流，使 15 座桥涵淤塞。

滥伐乱垦　滥伐乱垦会使植被消失，山坡失去保护，土体疏松，冲沟发育，大大加重水土流失，进而山坡的稳定性被破坏，崩塌、滑坡等不良地质现象发育，结果就很容易产生泥石流。例如，甘肃省白龙江中游是我国著名的泥石流多发区。而在一千多年前，那里竹树茂密，山清水秀，后因伐木烧炭，烧山开荒，森林被破坏，才造成泥石流泛滥。又如，甘川公路石坳子沟山上大耳头，原是森林区，因毁林开荒，1976 年发生泥石流，毁坏了下游村庄、公路，造成了人民生命财产的严重损失。当地群众说：“山上开亩荒，山下冲个光。”

泥石流的发生规律

我国泥石流的暴发主要受连续降雨、暴雨，尤其是特大暴雨、集中降雨的激发。因此，泥石流发生的时间规律与集中降雨时间规律一致，具有明显的季节性，一般发生在多雨的夏秋季节，因集中降雨的时间差异而有所不同。四川省、云南省等西南地区的降雨多集中在 6～9 月，因此，西南地区的泥石流多发生在 6～9 月；而西北地区降雨多集中在 6 月、7 月、8 月三个月，尤其是 7 月、8 月两个月降雨集中，暴雨强度大，因此西北地区的泥石流多发生在 7 月、8 月两个月，据不完全统计，发生在这两个月的泥石流灾害约占该地区全部泥石流灾害的 90%以上。

泥石流的发生受暴雨、洪水的影响，而暴雨、洪水总是周期性出现，因此，泥石流的发生和发展也具有一定的周期性，且其活动周期与暴雨、洪水的活动周期大体一致。当暴雨、洪水两者的活动周期与季节性叠加时，常常形成泥石流活动的一个高潮。

泥石流的危害

泥石流常常具有暴发突然、来势凶猛、迅速的特点，并兼有崩塌、滑坡和洪水破坏的双重作用，其危害程度往往比单一的滑坡、崩塌和洪水的危害更为广泛与严重。

危害居民点

泥石流对居民点的危害　泥石流最常见的危害之一是以较快速度冲进乡村、城镇，摧毁房屋、工厂、企事业单位及其他场所和设施，淹没人畜，毁坏土地，甚至造成村毁人亡的灾难。

泥石流对水利水电工程的危害　泥石流冲毁水电站、引水渠道及过沟建筑物，淤埋水电站尾水渠，并淤积于水库磨蚀坝面等。

泥石流对交通设施的危害　泥石流可直接埋没车站、铁路、公路，摧毁路基、桥涵等设施，致使交通中断，还可使正在运行的火车、汽车颠覆，造成重大的人身伤亡事故。有时泥石流汇入河流，引起河道大幅度变迁，间接毁坏公路、铁路及其他建筑物，甚至迫使道路改线，造成巨大经济损失。

对矿山的危害　泥石流对矿山的危害主要是摧毁矿山及其设施，淤埋矿山坑道，伤害矿山人员，造成停工停产，甚至使矿山报废。

摧毁铁路路基

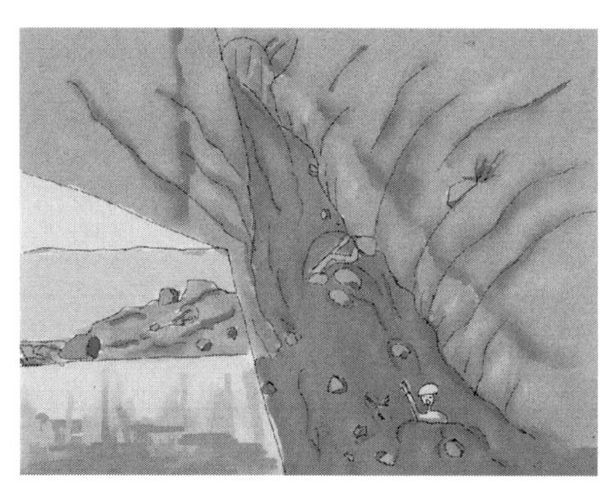

淤埋矿山坑道

典型泥石流实例　2010 年 8 月 7 日 22 时许，甘肃省舟曲县突降强降雨，县城北面的罗家峪、三眼峪泥石流下泄，由北向南冲向县城，沿河房屋被冲毁，泥石流阻断白龙江，形成堰塞湖。据调查，截至 8 月 8 日 11 时，舟曲县特大洪灾造成县城由北向南 5 000 米长、500 米宽的区域被夷为平地（约 250 万平方米），受灾人数约 2 万人，在 8 日 1 时许形成堰塞湖，县城一半已经被淹，一个村庄整体被没过，城区停电，一些房屋倒塌，部分街道上已经出现了 1 米多厚的淤泥，最终事故共造成 1 463 人遇难，冲毁房屋 307 户、5 508 间，进水房屋 4 189 户、20 945 间，损坏车辆 38 辆。

舟曲泥石流灾害俯视图

舟曲泥石流灾害远景图

在 8 月 9 日下午召开的国土资源系统舟曲抢险救灾紧急会议上，专家指出舟曲泥石流灾害的发生主要有以下几方面原因。

（1）地质地貌原因。舟曲是全国滑坡、泥石流、地震三大地质灾害多发区。舟曲一带是秦岭西部的褶皱带，山体分化，破碎严重，大部分是炭灰夹杂的土质，非常容易形成地质灾害。

（2）“5・12”地震震松了山体。舟曲是“5・12”地震的重灾区之一，地震导致舟曲的山体松动，极易垮塌，而山体要恢复到震前水平需要 3～5 年。

（3）气象原因。2010 年，国内大部分地方遭遇严重干旱，这使岩体、土体收缩，裂缝暴露出来，遇到强降雨，雨水容易进入山缝隙，形成地质灾害。

（4）瞬时的暴雨和强降雨。由于岩体产生裂缝，瞬时的暴雨和强降雨深入岩体深部，岩体崩塌、滑坡，形成泥石流。

（5）地质灾害自由的特征。地质灾害隐蔽性、突发性、破坏性强。当年国内发生的地质灾害有 1/3 是监控点以外发生的，隐蔽性很强，难以排查出来，所以一旦成灾，损失很大。

（6）生态环境的破坏。当地为了经济发展而砍伐大量森林植被，导致水土流失极为严重，自然灾害不断，加之这次大雨，终于酿成了大灾。有“陇上小江南”之称的甘南藏族自治州舟曲县向来以山清水秀闻名于世，滔滔白龙江横穿全县，宛如飘逸的哈达，穿林海，越深谷，增色不少。然而，随着社会生产活动的加剧，舟曲县水土流失日趋严重，白龙江流域的自然生态环境发生了恶性变化，由此诱发的洪水、滑坡、泥石流灾害不断，严重威胁着当地居民的生存安全！舟曲境内过去一直森林茂密，近 50 年以来，从 1958 年“大跃进”时期开始，这里的森林资源遭受到掠夺性破坏。据统计，从 1952 年 8 月舟曲林业局成立到 1990 年，累计采伐森林 189.75 万亩①，许多地方的森林成为残败的次生林。据当地老人介绍，以前舟曲虽然四面环山，但山上全是郁郁葱葱的大树，从来没发生过泥石流，伴随着乱砍滥伐和毁林开荒之风的盛行，舟曲周围的山体几乎全变成了光秃秃的荒山，加上民用木材和乱砍滥伐、倒卖盗用，全县森林面积以 10 万立方米/年的速度减少，植被破坏严重，生态环境遭到严重破坏，水土流失极为严重。

① 1 亩≈666.7 平方米。

地质灾害不可怕
群测群防威力大

地质灾害群测群防体系

◎地质灾害群测群防体系的定义

我国地质灾害点多面广，又多分散在偏远山区，治理难度大，防治任务重，对这些灾害点都进行治理，财力不允许，也不可能，完全依靠专业队伍进行监测，也不现实。这就需要发动和依靠广大人民群众开展地质灾害的监测与预防，形成严密的监测网络，这也是中国特色的地质灾害防治体系的重要组成部分，它为减轻地质灾害、避免人员伤亡和经济损失发挥了重要作用。

地质灾害群测群防体系，是指地质灾害易发区的县（市）、乡（镇）两级人民政府和村（居）民委员会组织辖区内广大人民群众，在地质灾害防治主管部门和相关专业技术单位的指导下，通过开展宣传培训，建立防灾制度等，对突发性地质灾害进行前兆和动态调查、巡查和简易监测，实现对地质灾害的及时发现、快速预警和有效避让的一种主动减灾措施。

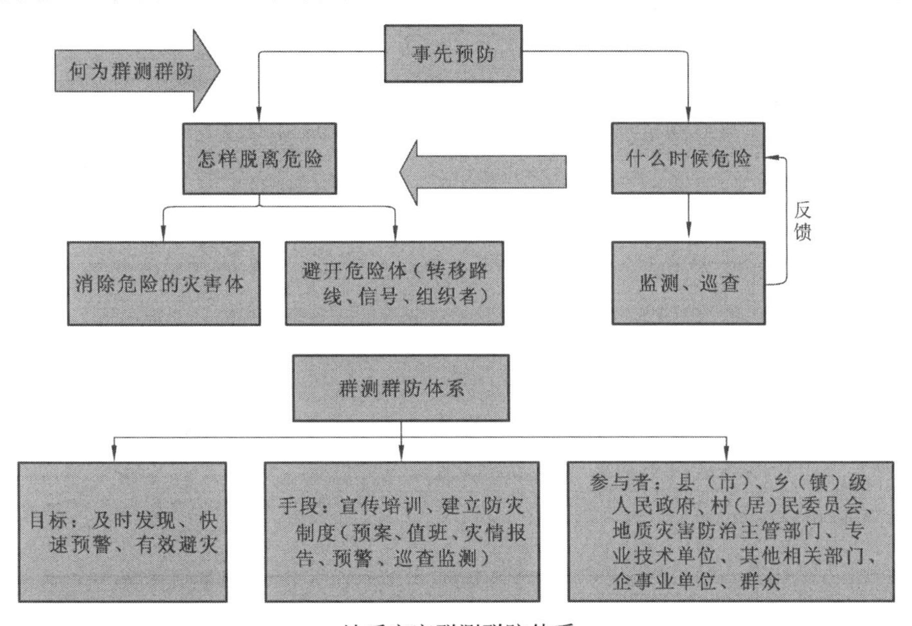

地质灾害群测群防体系

◎地质灾害群测群防体系的主要任务

大家知道了什么是地质灾害群测群防体系，那么地质灾害群测群防体系的主要任务是什么呢？其具体任务如下。

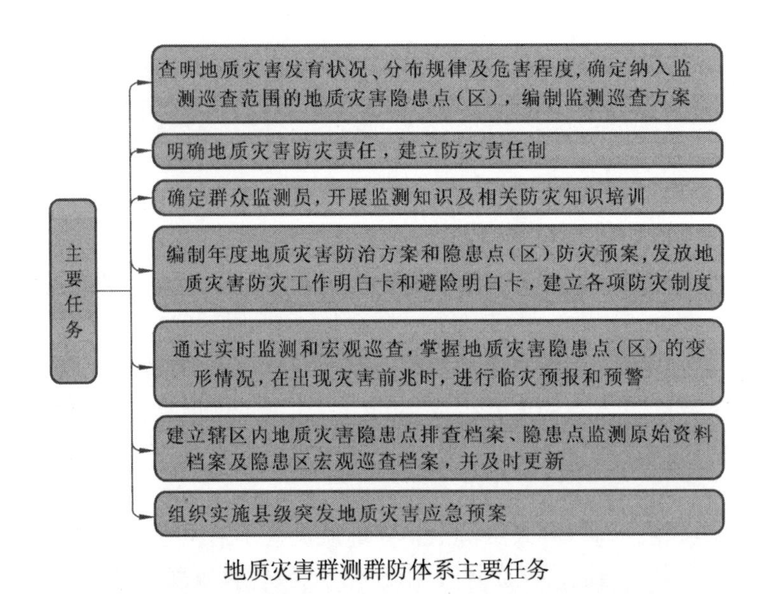

地质灾害群测群防体系主要任务

建立地质灾害群测群防体系

◎地质灾害群测群防体系的构成

说到如何开展地质灾害群测群防，那我们首先就要了解群测群防体系到底是如何构成的。其实，地质灾害群测群防体系主要由县（市）、乡（镇）、村三级监测网络和群测群防点及相关的信息传输渠道和必要的管理制度所组成，各级监测网络相互配合、协作。

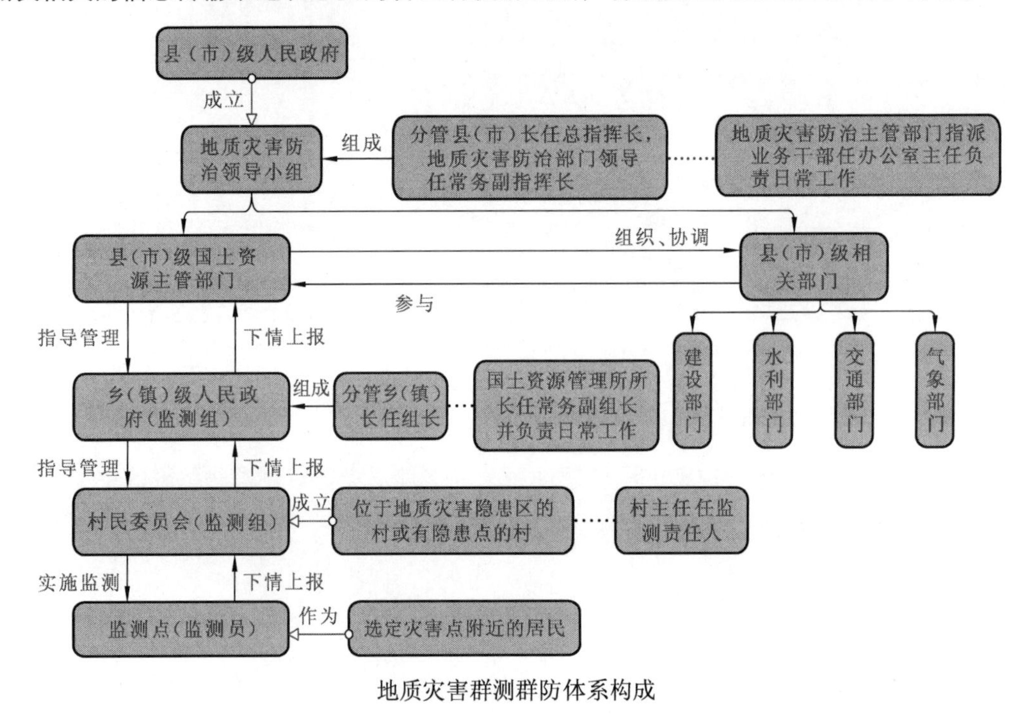

地质灾害群测群防体系构成

◎地质灾害群测群防体系各级组织的职责

了解了地质灾害群测群防体系是如何构成的，那么每个构成部门的职责和任务是什么呢？一般地，地质灾害群测群防体系中县（市）、乡（镇）、村三级组织存在从属性关系，根据分工不同，各级的职责也不相同，具体职责见下图。

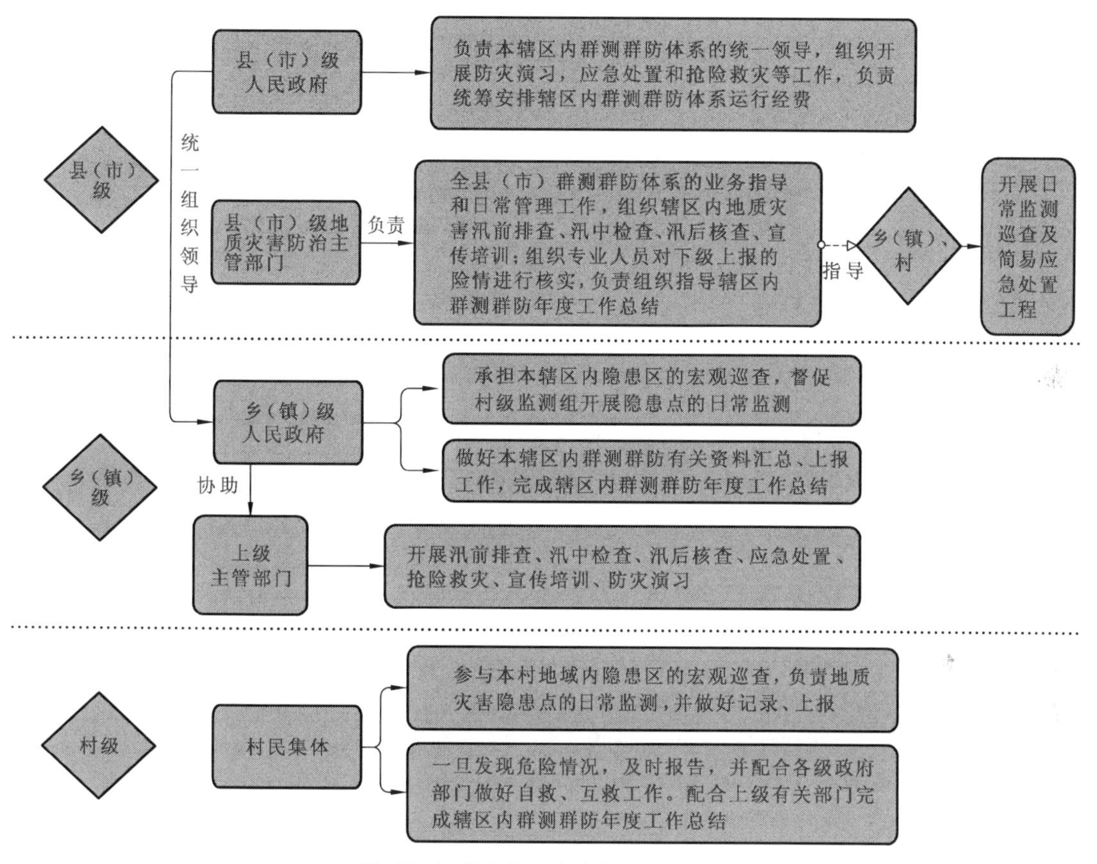

地质灾害群测群防体系各级组织职责

◎地质灾害群测群防体系建设的主要工作

弄清楚了地质灾害群测群防体系的构成和各级组织职责，那么构建地质灾害群测群防体系，需要开展哪些方面的工作呢？

地质灾害隐患点（区）的确定与撤销

专业技术人员对可能发生地质灾害的点进行现场调查、核查和巡查后确定地质灾害隐患点（区），由县（市）级人民政府地质灾害防治主管部门明确并纳入下年防治方案中，但对于已经开展工程治理、搬迁、土地整治并消除了危害的地质灾害群测群防点（区），应当报经原批准机关批准撤销。地质灾害隐患点（区）确定与撤销的具体流程见下图。

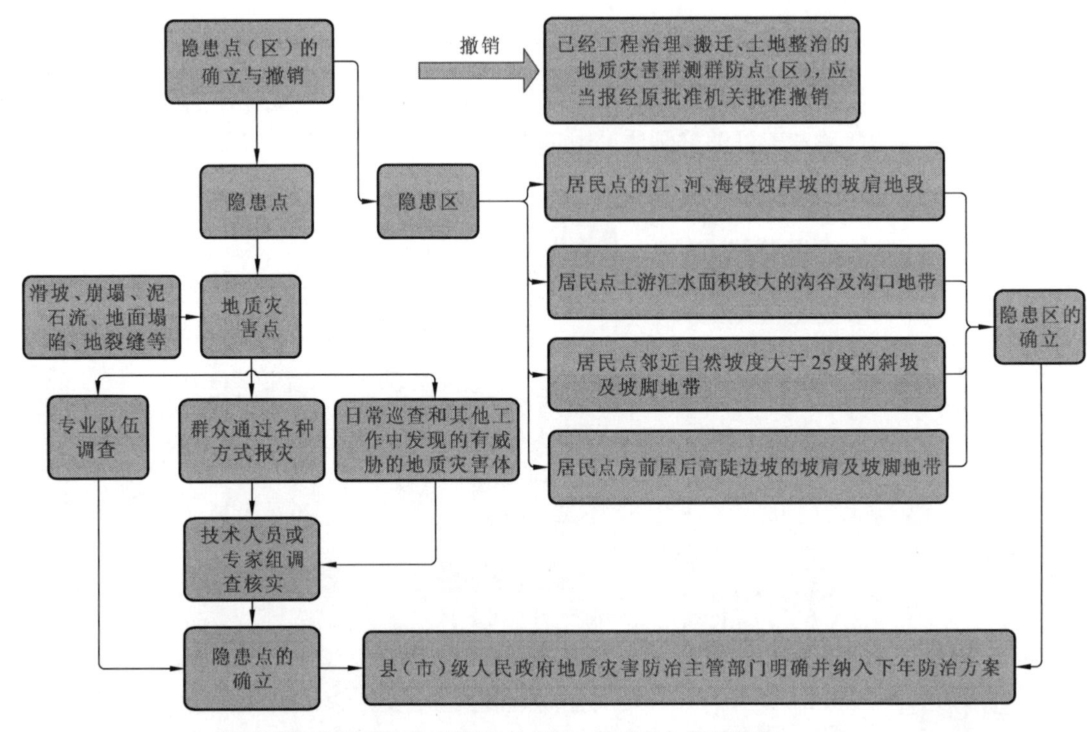

地质灾害群测群防体系隐患点（区）的确定与撤销流程

建立地质灾害群测群防责任制

地质灾害群测群防体系庞大，环节较多，且环环相扣，一个环节出了问题就会影响地质灾害的监测与预防。地质灾害群测群防体系中人为因素导致某些工作没有完成好甚至出现渎职问题，该如何处理呢？这就需要建立健全责任制，从制度上防止这类问题的发生，防患于未然。

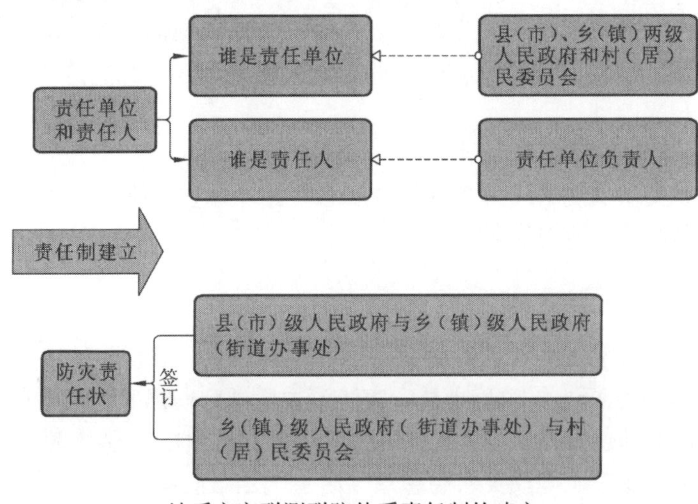

地质灾害群测群防体系责任制的建立

此外，在地质灾害群测群防体系中还会制作地质灾害防灾工作明白卡和地质灾害防灾避险明白卡（简称“两卡”），在“两卡”中明确相应责任人。同时，也会将地质灾害群测群防责任制列入各级行政管理层级的年度考核指标，并在年度县级地质灾害防治方案和突发地质灾害应急预案中加以明确。

监测员的选定和培训

顾名思义，地质灾害群测群防体系主要是发动和依靠广大人民群众直接参与地质灾害点的监测与预防。那么，什么样的群众才能被选出参与群测群防呢？经过怎样的培训才能让他们成为合格的监测员呢？

监测员选定条件：具有一定文化程度，能够较快地掌握简易野外地质灾害监测方法；责任心强，热心公益事业；长期生活在当地，对当地环境较为熟悉。培训内容主要包括学习地质灾害防治基本知识，掌握简易监测方法，了解巡查内容及记录方法，会识别灾害发生前兆，掌握各项防灾制度和措施等。

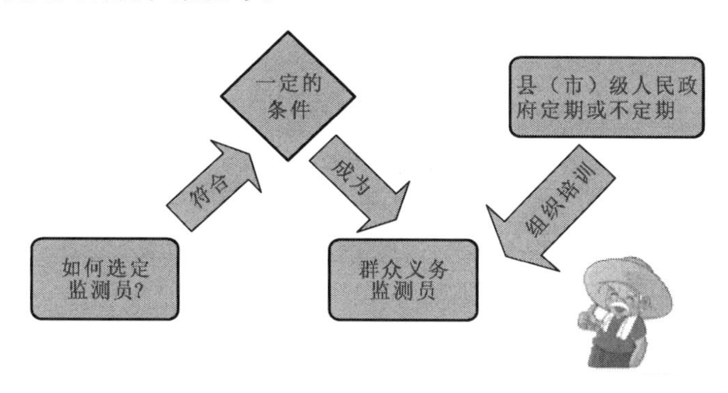

如何选定监测员

制度建设

地质灾害群测群防体系建立后，各级组织该如何系统地开展工作来保证体系的正常运行呢？这就需要建立健全相关制度，各级组织根据相应的制度要求科学地开展工作，从而保证地质灾害群测群防体系的有效运行。地质灾害群测群防体系涉及的制度见下图。

需要说明的是，“两卡”由县（市）级人民政府地质灾害防治部门会同乡（镇）级人民政府组织编制。地质灾害防灾工作明白卡由乡（镇）级人民政府发放给防灾责任人，地质灾害防灾避险明白卡由隐患点所在村负责具体发放，并向所有持卡人说明其内容及使用方法，并对持卡人进行登记造册，建立“两卡”档案。

另外，宣传培训的目的是使培训人员达到“四应知”：应知群众避险场所和转移路线；应知灾害点监测时间和次数；应知险情报告程序和办法；应知地质灾害隐患点（区）情况和威胁范围。同时，宣传培训的目的还包括使培训人员达到“四应会”：应会识别地质灾害前兆；应会使用简易监测方法；应会对监测数据记录分析和初步判断；应会指导防灾和应急处置。

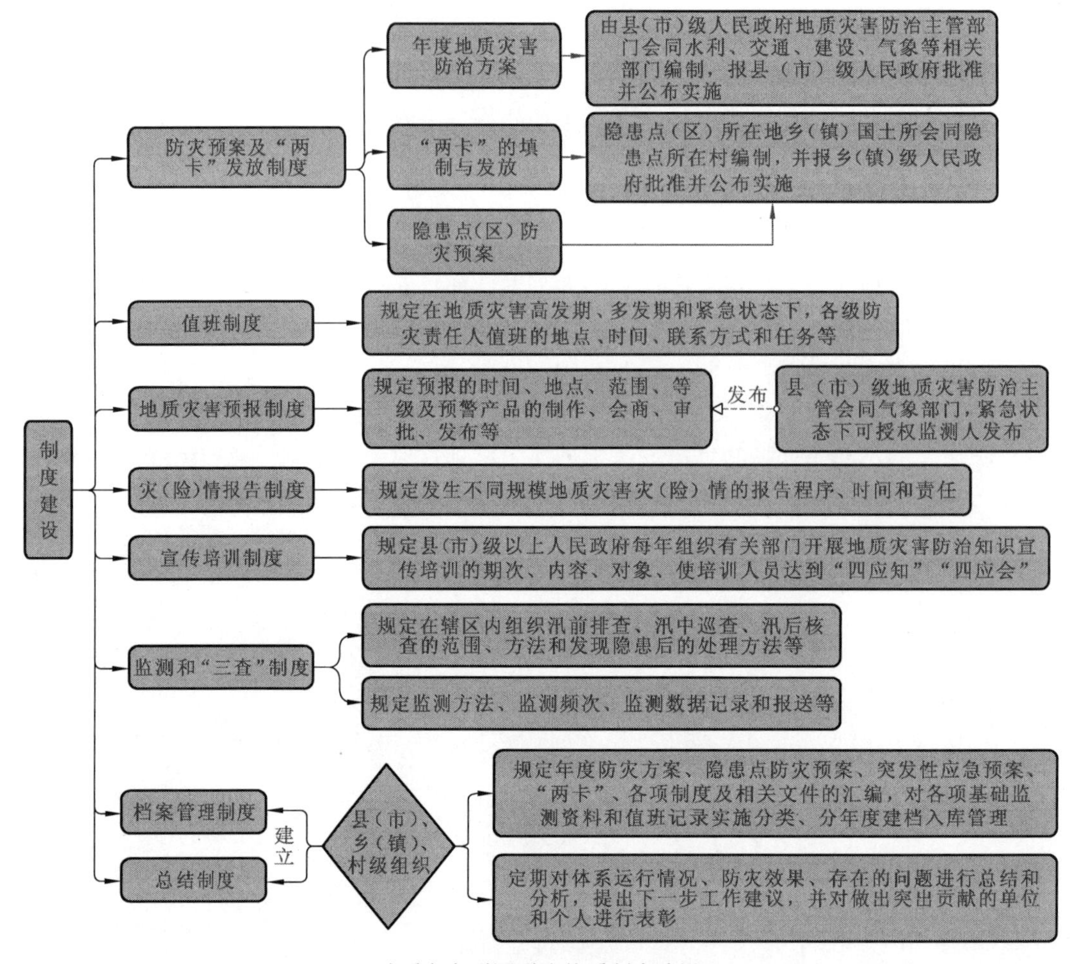

地质灾害群测群防体系制度建设

信息系统建设

有了制度保障，经过宣传培训，群众监测员就可以正常开展工作了。由于地质灾害监测的内容比较多，经过一段时间累积，就有大量的信息数据，如何对所获得的信息进行有效分析与管理呢？这就需要由县（市）级人民政府建立本区域的地质灾害群测群防管理信息系统，将本区域地质灾害群测群防网络数据、防灾责任人和监测人及监测点基本信息、监测数据、年度地质灾害防治方案、隐患点（区）防灾预案、“两卡”等信息纳入计算机平台，方便监测数据及时录入、更新、查询、统计、分析等，实现地质灾害群测群防体系相关信息的动态管理和数据共享。

升级版地质灾害群测群防体系

监测预警工作在运行过程中不断升级完善，逐渐形成管理科学、技术先进、建设标准统一的监测预警体系。在运行过程中，根据实际情况湖北推出了“四位一体”网格化管理体系，重庆推出了“四重”网格管理体系，这两个管理体系是在前期基础上发展来的，更加明确了各级主体责任，同时引进了专业技术人员。中国地质环境监测院在陕西推出“五化模式”管理体系。专业监测技术上，需要不断引进先进的监测技术，形成监测数据采集自动化，数据传输网络化、管理信息化。

◎巴东县地质灾害防治网格化管理[①]

湖北库区充分利用前期地质灾害防治工作经验，创新整合，探索建立起“四位一体，网格管理，区域联防，绩效考核”的地质灾害防治“四位一体”网格化管理体系。

组织体系

县（市）级人民政府成立地质灾害防治网格化管理工作领导小组，主要领导任组长，分管领导任副组长，领导小组下设办公室，县国土资源局局长兼任办公室主任。制订实施方案，召开专题会议，安排部署地质灾害防治网格化管理工作。

各乡（镇）级人民政府成立地质灾害防治网格化管理工作领导小组，乡（镇）级人民政府主要负责人任组长，分管领导任副组长，负责组织国土、安监、水务、村镇办、行政村（社区）等单位落实地质灾害防治网格化管理工作。

以乡（镇）为单元，明确网格责任人、网格管理员、网格协助员、网格专管员四类管理人员，分工承担网格内的地质灾害防治工作任务。网格协管员由县国土资源局协调就近的地质环境保护站派技术人员承担。

职责分工

县领导小组办公室职责：

（1）收集、分析、整理各种背景资料、地质调查资料，为乡（镇）落实地质灾害防治网格化管理工作提供基础资料。

（2）组织召开地质灾害防治工作会议，安排部署工作任务，开展业务技术培训。

（3）组织专业技术队伍开展地质灾害隐患排查调查，确定灾害类型和级别；指导群测群防员监测工作。

（4）组织专家和技术人员开展突发地质灾害应急调查。

（5）制定地质灾害防治工作考评办法，对乡（镇）地质灾害防治工作进行检查和考评。

（6）加强地质灾害监测能力、应急能力建设，完善监测预警、应急指挥、专家会商三个信息平台建设。

（7）负责争取和筹措地质灾害防治工作经费，落实村级专管员和监测员的通信和交通补助。

（8）组织专家开展地质灾害趋势研判，特大型和大型地质灾害远程会商，提出综合防治对策，确定监测预警级别。

---

① 选自《巴东县地质灾害防治网格化管理暂行办法》。

网格责任人由乡（镇）长或分管副乡（镇）长出任，其职责如下：

（1）按照“属地管理、分级负责”的要求，全面负责本行政区域内的地质灾害防治工作，为地质灾害网格化管理第一责任人。

（2）审定网格管理员汇总核实的地质灾害基本信息，巡查、排查、核查成果及日常监测成果，批准上报。

（3）组织召开网格化管理工作例会，安排地质灾害防治工作，开展隐患排查，汛期巡查及汛后复查工作，对网格专管员工作落实情况进行检查和考核。

（4）督促网格管理员、协管员对纳入网格化管理的地质灾害隐患点制订监测方案，落实监测措施，编制防灾预案，开展应急演练和宣传培训工作。

（5）监督网格专管员开展监测预警和信息报送工作，汇总本行政区域的地质灾害信息，上报县政府应急办和县国土资源局，应对突发地质灾害，决定启动本行政区域的应急预案，监督预案落实；当出现重大灾险情，县政府成立应急抢险指挥部时，服从县抢险救灾指挥部的统一领导，完成指挥长交办的工作任务。

（6）接受和配合县领导小组办公室对本行政区域的地质灾害防治网格化管理绩效考核工作。

网格管理员由乡（镇）国土资源所所长出任，其职责如下：

（1）承担本行政区域内地质灾害防治工作的组织、协调、指导和监督检查，对网格责任人负责，做好工作部署、宣传培训、信息速报、应急抢险救灾工作；对网格专管员的工作进行检查、指导和考核。

（2）负责突发地质灾害应急预案和重点隐患点防灾预案的编制工作；指导网格专管员和群测群防员发放“两卡”，设立监测点位开展监测巡查工作；负责地质灾害治理工程和监测设施的管理，维护监测工作环境。

（3）负责地质灾害基础数据、监测数据的整理、汇总、上报；落实突发灾险情信息速报制度，地质灾害监测信息日报告。

（4）会同网格协管员开展地质灾害隐患排查、汛中巡查及汛后核查工作；指导、督促和检查网格专管员日常监测巡查和信息报送工作，做好群测群防监测员监测补助发放工作。

（5）接到突发地质灾害险情和灾情信息，确保第一时间赶赴灾害现场开展应急调查，需要紧急撤离的，会同网格专管员组织群众撤离，随时向网格责任人报告情况；发生重大灾险情，不能准确判断的，请求县国土资源局派专家和技术人员支持。

（6）建立网格化管理工作台账，做好日常巡查记录。

网格协管员由地质环境监测保护站专业技术人员出任，其职责如下：

（1）协助编制地质灾害隐患点的防灾预案，指导网格专管员落实监测预警工作，划定危险区范围，设立微观监测点，确定宏观巡查线路，确定撤离路线，参与应急演练。

（2）对纳入网格管理的地质灾害点监测工作给予技术指导，协助网格管理员开展宣传培训，监测工作检查和考评。

（3）配合网格管理员对地质灾害基础数据、监测数据进行整理、分析、汇总、上报工作，分乡镇提交年度监测分析总结报告，指导下一年度的地质灾害防治工作。

（4）参与汛期地质灾害巡查、隐患排查，做好突发地质灾害应急调查，提出处置意见和建议，指导地质灾害应急抢险救灾工作。

网格专管员由村（居）委会主任或负责人出任，其职责如下：

（1）负责落实网格内地质灾害隐患点的群测群防监测人员，督促做好日常监测巡查工作。

（2）配合网格管理员编制重点隐患点防灾预案，维护地质灾害监测设施和监测环境。

（3）接受地质灾害防治技术业务培训，参与地质灾害隐患点的汛前排查、汛中巡查、汛后核查和日常监测巡查工作；负责地质灾害点基础数据、监测数据的填报。

（4）发现地质灾害灾情和险情，及时向网格管理员和网格责任人报告，组织灾民自救互救。

（5）发生重大灾险情，参与24小时值班值守和安全警戒工作。

（6）加强农村建设安全选址管理工作，农村建设尽量避开地质灾害体和地质灾害易发区。

地质灾害防治网格化管理工作内容

（1）开展汛前隐患排查，确定纳入网格化管理的地灾隐患点，建档立卡。

（2）以三峡库区、水布垭库区、矿山开采区为联防区域，以各乡镇为单元，以行政村为网格，纳入网格化管理的每一个地灾隐患点都要明确“四位一体”管理人员，即网格责任人、网格管理员、网格协管员、网格专管员。

（3）完善预案，编制防治方案，绘制地质灾害网格图。

（4）纳入网格管理的地灾隐患点按统一模式进行群测群防监测系统建设。

（5）开展宣传培训和应急演练工作。

（6）落实汛前排查、汛中巡查、汛后复查“三查”工作。

（7）纳入网格管理的地灾隐患点落实监测人员，开展日常监测巡查工作，做好监测巡查记录。

（8）做好突发地质灾害灾险情的应急调查和处置工作。

（9）完善地质灾害监测预警、应急会商、应急指挥三个信息平台建设，将地灾隐患点的基本情况、应急预案、“四位一体”人员信息和网格化管理文件资料录入地质环境信息系统。

（10）制定地质灾害网格化管理考评办法并进行绩效考核。

工作考核

地质灾害防治网格化管理工作实行绩效考核，纳入全县经济社会发展综合考评的内容。地质灾害防治网格化管理工作绩效考核以乡（镇）为考核单元，以网格化管理体系建设为主要任务，考核“四位一体”人员履职尽责情况，对网格责任人、管理员、协管员、专管员分别进行量化考核。

县国土资源局负责制定地质灾害防治网格化管理工作考评办法，负责组织对地质灾害防治网格化管理工作进行考核，考核结果报县委办公室、县政府办公室。县人民政府对地质灾害防治网格化管理工作实行奖惩挂钩制度。

◎重庆市“四重”网格化管理[1]

重庆地质灾害防治“四重”网格化管理，分别指群测群防员、片区负责人、驻守地质队员、区县地质环境监测站专职人员“四重”网格员。

群测群防员

工作职责

（1）负责地质灾害隐患点及周边区域的巡查和日常监测预警工作，认真做好监测数据记录汇总，利用群测群防专用手机定点定人定时上传地质灾害群测群防信息系统。

（2）向受地质灾害威胁群众宣传隐患点规模、类型和有关重要事项，宣传防灾避险知识，向受灾害威胁的村民协助发放避灾明白卡，保管使用预警器具，熟悉并告知受威胁群众临灾报警信号、应急转移路线和避灾安置地点。

（3）灾险情发生时立即发出警报并组织群众及时撤离，并及时向上级汇报。

（4）保护好地质灾害隐患点安全警示牌、标识牌、监测标识和隔离带（周界桩）等设施，积极协助其他地质灾害防治工作。

（5）及时劝阻和举报在地质灾害危险区域从事容易引发地质灾害的活动情况。

工作内容

（1）宏观巡查，群测群防人员要定期对辖区内地质灾害隐患点进行宏观巡查，宏观巡查按预案规定的路线进行，并做好时间、路线和变形情况的简要记录。

（2）简易监测，主要是通过皮尺或卷尺测量地面或墙体上的裂缝变化情况。

（3）监测记录，群测群防人员在宏观巡查和简易监测过程中，应对测量的数据及宏观变化及时进行记录，填写“地质灾害群测群防监测记录表”。

（4）信息报送，群测群防专用手机上报，灾险情电话报送。

（5）预警避险，险情或灾情发生时，群测群防员应发出预警信号，及时通知并带领群众按照撤离路线及时避险，并向上级和驻守地质队员报告，协助村（居）委会、乡（镇）级人民政府（街道办事处）、区县（自治县）有关部门做好现场应急处理工作，指挥村民做好自救互救。按单点防灾预案及应急避险演练确定的撤离路线和安置场所组织实施。

驻守地质队员

工作职责

（1）配合驻守乡镇（街道）开展地质灾害隐患排查、巡查和核查工作。

（2）配合驻守乡镇（街道）进一步完善监测预警、防灾预案和群测群防体系建设，对乡镇（街道）群测群防工作进行技术指导。

（3）配合区县国土资源管理部门开展地质灾害防治知识培训工作。

（4）指导驻守乡镇（街道）开展地质灾害应急演练工作。

---

① 选自重庆市国土房管局《地质灾害防治“四重”网格化管理群测群防员工作指南》。

（5）配合驻守乡镇（街道）做好地质灾害应急处置与救援工作，为应急救灾工作提供技术支持和服务。

（6）协助乡镇（街道）编制新增地质灾害隐患点的防灾预案，明确撤离路线和监测预警措施。

（7）定期向相关主管部门报告有关情况。

工作内容

（1）制订驻守工作计划，驻守地质队员应有针对性地制订年度和月驻守工作计划。

（2）配合驻守乡镇（街道）做好地质灾害汛期“三查”工作，包括汛前排查、汛中巡查、汛后核查。

（3）开展地质灾害警示防范区核查工作。

（4）指导开展宣传、培训、应急演练工作。

（5）应急处置，发生地质灾害灾（险）情时，驻守地质队员应立即到达现场为当地政府开展应急处置工作提供技术支持和服务。

（6）信息报送，驻守工作上报，地质灾害灾（险）情上报。

片区负责人

工作职责

（1）片区负责人由乡镇（街道）分管地质灾害工作的领导担任。

（2）指导、管理和监督群测群防人员做好群测群防各项工作。

（3）组织做好地质灾害汛前排查、汛中巡查和汛后核查工作。

（4）组织做好地质灾害宣传、培训和避险演练工作。

（5）及时组织开展地质灾害应急先期处置工作。

工作内容

（1）管理、监督群测群防员各项工作。

建立健全乡镇（街道）地质灾害群测群防体系，组织群测群防工作的实施，接受上级政府的指导和监督。指导并督促群测群防员履行工作职责，对群测群防员上报的数据进行抽查，及时到现场进行核实，并将核实情况进行记录。

（2）组织做好地质灾害汛期“三查”工作。

在区县（自治县）国土部门的指导下，组织乡镇、群测群防员等力量，依靠驻守地质队员的技术支撑，开展汛前排查、汛中巡查和汛后核查工作。

对已有地质灾害隐患点认真核查各项信息，对新生突发的地质灾害隐患点及时编制单点防灾预案、地质灾害防灾工作明白卡和地质灾害防灾避险明白卡，并纳入群测群防体系和信息系统，并对达到销号要求的地质灾害隐患点及时进行销号。

及时提交本乡镇（街道）的地质灾害“三查”报告。

（3）组织做好地质灾害宣传、培训和避险演练。

（4）组织开展地质灾害应急处置工作。

（5）信息报送。

区县地质环境监测站

工作职责

（1）负责对群测群防员或乡镇（街道）上报的地质灾害隐患点进行实地核实，并形成调查报告。

（2）参与地质灾害防治规划的编制，负责拟定本区县地质灾害防灾预案和应急抢险预案。

（3）负责本行政区域内地质灾害的监测工作，参与地质灾害预测预报工作，在政府的领导下，建立地质灾害“群测群防、群专结合”的监测、预警、预报体系，组织地质灾害防治及“群测群防”的宣传、培训工作。

（4）负责地质灾害抢险救灾技术指导工作。

（5）做好片区负责人、驻守地质队员的监督、管理和考核工作。

（6）做好本行政区域地质灾害数据库、应急指挥系统维护和地质灾害信息报送工作。

工作内容

（1）指导乡镇（街道）开展地质灾害排查、核查工作。

（2）编制地质灾害防治规划，拟定地质灾害年度防治方案和应急抢险方案。

（3）建立健全群测群防体系，建立地质灾害“群测群防、群专结合”的预警预报系统。

（4）做好群测群防员、片区联系人和驻守地质队员的监督管理工作。

（5）做好抢险救灾技术指导工作。

（6）做好地质灾害数据库的维护和信息报送工作。

◎中国地质环境监测院“五化模式”①

2012 年以来，中国地质环境监测院在陕西省商洛市镇安县各级人民政府和国土资源主管部门的大力支持下，开展了镇安县地质灾害防治体系建设与示范。通过示范研究，创建了地质灾害防治“五化模式”。

管理支撑层级化

（1）建立层级化的行政管理与技术支撑融合体系。以辖区为单元，以地质灾害群测群防县、镇（办）、村三级网络和监测点体系建设为抓手，夯实县（市）、乡（镇）、村三级行政管理部门职责，建立技术支撑单位、县级地质环境监测站和镇（办）国土资源所三级技术支撑体系，形成“三层管理、三级支撑”，促进行政管理与技术支撑相融合，充分发挥专业技术人员的支撑作用，推动地质灾害群测群防向群专结合转变。

（2）健全地质灾害防治工作制度。建立“党委领导、政府防治、部门协作、公众参与、上下联动”的共同责任机制，编制完善地质灾害身份证制度、增销号制度、部门防灾工作责任制度、带值班制度、灾险情速报制度、零报告制度和监测人员管理制度等，规范地质灾害群测群防运行与管理。

---

① 摘自中国矿业报《“五化模式”为地灾防治提供样板》，作者李平、杨旭东，2017-11-08。

数据采集智能化

（1）群测群防点监测数据采集智能化。基于智能手机，研发“地质灾害群测群防数据采集系统”，解决了群测群防定量监测数据、宏观观测现象、灾情险情信息快速规范化、智能化采集与适时上报，实现地质灾害预警信息接收和群测群防员 GPS 定位管理等功能。

（2）地质灾害野外排查数据采集智能化。基于平板电脑，研发“地质灾害野外调查数据采集系统”，采用移动“3S”技术和语音录入等技术，基于地质灾害野外调查“一张图”，实现野外工作导航定点、调查表填写、拍照记录、实体勾绘、平剖面图绘制、调查路线记录等功能，解决地质灾害排查和群测群防“一表两卡”等信息野外现场规范化、智能化采集与管理。

（3）地质灾害隐患点三维遥感数据采集智能化。基于微型无人机，研发单点多角度倾斜摄影飞行控制系统，快速获取群测群防点三维地形和高精度遥感影像，提高地质灾害隐患点边界范围、变形部位和受威胁对象的调查识别精度和效率，为创新编制清晰直观、通俗易懂的群测群防防灾避险图提供支撑。

监测手段多样化

（1）建立手段多样化的群测群防监测技术方法体系。设计发明激光测距监测法，改进传统埋桩法和埋钉法，集成应用裂缝伸缩仪法、裂缝报警器法、上漆法和简易雨量法等方法，形成了一套包括 7 种手段在内的地质灾害群测群防监测技术方法体系，扩展了施测对象和监测范围，提高了监测精度，并且具有建设成本低和操作简便等特点。

（2）建立手段多样化、定量化的新型群测群防监测网络。综合利用 7 种监测手段，通过监测网点布设，建立地质灾害群测群防监测网络，实现对地质灾害隐患点前缘陡坎、后缘裂缝、坡体裂缝、房屋开裂和降雨量等定量化监测，跟踪掌握隐患点变形发展趋势。同时，结合区域自动化雨量监测和重要隐患点专业监测，进一步推进群专结合。

预警预报及时化

（1）群测群防监测数据预警预报及时化。基于互联网，建立“地质灾害信息管理系统”，在接收到监测员手机上报监测数据后，自动分析相邻变化量、累计变化量和灾险情信息，触发相应预警等级时，第一时间自动向监测员和相关负责人发送预警信息；在接收到社会公众报送的灾情险情信息后，第一时间向上报人和相应片区负责人发送预警信息。

（2）地质灾害气象预警及时化。通过国土资源与气象部门合作，实时共享自动化雨量站监测数据，分析预警等级，并根据站点辐射范围向区内群测群防员及相关负责任人定向发送预警信息。同时，结合气象部门提供的降雨预测信息，及时制作地质灾害气象预警产品，有针对性地发送预警信息，并通过电视或网络面向社会公众发布。

信息服务一体化

（1）地质灾害防灾减灾工作全过程信息化、一体化。利用地质灾害数据采集系统、信息管理系统和地质灾害地图等软件，实现地质灾害防治数据采集、集成管理、挖掘分析和发布服务全流程信息化、一体化。

（2）地质灾害综合防治信息管理服务一体化。依托地质灾害信息管理系统，整合地质灾害调查评价、监测预警、综合治理、应急等综合防治信息，基于地质灾害防治“一张图”，实现数据互联互通、一体化管理，有效服务地质灾害防灾减灾工作。

（3）地质灾害防灾减灾信息发布服务一体化。基于互联网和地质灾害云平台，引入二维码技术，落实地质灾害身份证制度；结合微信二维码扫描、野外采集系统二维码扫描和地质灾害地图等，打造“掌上地质灾害服务中心”，实现防灾减灾信息发布服务一体化，助力地质灾害防治实现“全民参与、全民防灾”，切实提高基层防灾减灾意识和能力。

（4）“县-市-省-全国”四级地质灾害数据库动态更新一体化。完善建立地质灾害标准化数据库，利用地质灾害数据采集系统，自动更新县级地质灾害数据库；建立“县-市-省-全国”四级地质灾害数据库自动更新机制，试点实现了自下而上的数据库联动更新，为全国地质灾害动态数据库建设提供支撑。

地质灾害巡查

为了预防和治理地质灾害，最大限度地减轻地质灾害造成的损失，维护人民生命和财产安全，应分地域结合实际情况，建立健全的地质灾害巡查制度：成立专门的地质灾害巡查小组，对辖区内的地质灾害隐患点进行排查、分析；建立工作责任制，巡查责任按所在巡查片区落实到具体的个人并建立规范的巡查台账；对地质灾害易发区，要定人、定点、定时对其进行巡查监测，对地质灾害危险区，要派人 24 小时定点进行巡查监测并做好记录、分析、上报工作。

一般长期固定巡查为每月两次，雨季加大巡查力度。定期巡查一般为每周一次。在汛期，应每天到地质灾害重要隐患点进行巡查、监测，做好详细记录、分析，并上报巡查情况；经巡查监测发现险情时，应及时将重大险情进行发布和上报，做好地质灾害发生前兆宣传和自救工作；本辖区内一旦发生地质灾害，应在 12 小时内上报上级主管部门，报告灾情的位置、时间、性质、伤亡情况等，并说明已采取的措施和对策。

针对降雨天气，尤其是持续降雨或大到暴雨，县（市）地质灾害防治主管部门应组织指导相关部门安排专人分组分片对所辖地质灾害易发区，尤其是交通干线、人口聚集区、工矿企业、山区沟谷等关键区域进行巡查，及时发现地质灾害险情。针对不同的地质灾害，其巡查的侧重点各有不同，并在对应的地质灾害表格上做好记录，表格的内容包括巡查时间、巡查地点、巡查点特征。其中巡查点特征包括：隐患点特性（滑坡、崩塌等灾害类型）、监测点变形情况、威胁人口及财产、监测点记录人签字、巡查人及负责人签字，如果巡查或排查出新的地质灾害隐患点，应附示意图。

菲律宾特大滑坡灾难的教训　2006 年 2 月 17 日 10 时 45 分，菲律宾莱特岛南部圣伯纳德镇附近的昆萨胡贡村发生特大滑坡灾难，造成约 1 221 人丧生或失踪（滑前常住人口约 3 000 人）。灾难发生时，村里的一所小学（253 名学生）正在上课，全体师生均被滑坡体埋没，估计有 375 栋房屋被掩埋。灾难过后，仅有 3 栋房屋没有遭到袭击，一些零星的

小屋屋顶、铁皮房盖和建筑物碎屑残存，很多大树被连根拔起推走，似乎以前此处不存在村庄。褐色的滑坡土石影响面积约 100 万平方米，土石堆积高度 6 ~ 10 米。

山体滑坡发生过程是，昆萨胡贡村后山山体的一部分首先开始下陷，并快速扩大，伴随一声类似爆炸的闷响，地面先是一阵颤动，随后刮起一阵猛烈的风，岩土体再次冲向山下的村庄。在冲击过程中，组成斜坡的岩土体发生解体、扩展并覆盖埋没了村庄、稻田和坡地。滑坡所过之处都被摧毁埋没，整个过程持续约 2 分钟。

此次滑坡灾难的前兆是明显的，但未引起重视。2 月 12 日该区域曾有小滑坡发生，造成修路人员 7 人死亡，邻近地区也有 16 人被淹死，加上连续多日下雨，曾有议员建议受灾村落的村民暂时离开。政府和当地村民也是有警觉的，为了防范泥石流袭击，村民曾晚上疏散避难，白天回家，但对雨停、天晴、白天会发生山体滑坡缺乏认识与防范。滑坡发生前 3 天，邻村的一个老年妇女曾告诫村民要发生山体滑坡，可惜当时没人相信她的警告，包括村小学的老师，也没有人去后山查看山坡表面变化情况。

滑坡发生的原因是多方面的：

（1）莱特岛处在菲律宾海沟的边缘，发生滑坡的山体由火山喷发堆积物组成，山坡陡而多悬崖，山坡上早就出现多处裂缝。

（2）山坡岩土体遭受严重风化、侵蚀，地形和地质结构破碎，容易发生滑坡。

（3）莱特岛是台风和风暴吹袭菲律宾的必经路径，太平洋产生的“拉尼娜”现象导致莱特岛自 2 月 1 日起十余天的累计降雨量高达 500 毫米，是平时的近五倍，雨水浸泡了土层，并冲刷侵蚀地表。

（4）风化层土体长期浸泡饱水，不仅自身重力增加，而且使斜坡整体强度降低，易于失去稳定。

（5）山坡上的树木连年被大量砍伐，改种椰子林，这种浅根性植物在长期泡水，特别是风吹摇动下会促进斜坡表层快速整体失稳，加剧了雨水沿裂缝的下渗和水土流失（类似于中国东南地区的毛竹分布区）。

（6）滑坡发生前约 9 分钟（当日 10 时 36 分）该地区曾发生里氏震级为 2.6 级的地震，对滑坡发生起了一定激发作用。

（7）村民比较注意防范泥石流，但对山坡岩土体内地下水水位升高和孔隙水压力逐渐达到最大滞后于降雨过程，若干日后再发生滑坡缺乏科学知识（如 1985 年 6 月 12 日中国长江三峡新滩大滑坡就是雨后天晴 3 天后发生的）。

（8）当地政府和村民对早期预警或警告重视不够，自觉防灾意识和自我组织监测预警（如我国的群测群防）措施不到位，如没有到后山巡查山坡地质状态，判断危险来源，而只是被动躲避。

灾后堆积物为高出原地面的土石松散体，是山体高速滑动飘洒后形成的固态岩土堆积体，而非流动或涌动后形成形态相对舒缓的密集堆积。滑坡发生的过程是，山坡体开裂—持续降雨渗水—整体座滑剪出—气垫顶托和空中解体—飘洒堆积和摧毁埋没前进道路上的一切（村庄和稻田等）。

◎滑坡宏观巡查

一般滑坡发生前，都会伴随一些明显前兆。如果我们能及时发现这些前兆，就可以及时避险撤离了。因此，需要开展滑坡的宏观巡查，主要对滑坡前缘、中部和后部进行调查。

滑坡前缘宏观调查　当我们在调查的过程中，发现在滑坡前缘出现地面鼓胀、地面反翘，出现地表裂缝或者建筑物地基出现明显的错裂时，此时应注意详细勘查滑坡整体的变形情况，做好相应的记录，及时向有关部门报告异常情况，请专业地质人员到现场进一步查看。

滑坡中部宏观调查　当滑坡稳定性较差或者处于缓慢变形过程时，可能在滑坡中部出现较明显的地面拉裂缝、次级台阶，并使建筑物出现有规则的拉裂变形。但是，应注意不要误判由局部地形起伏或人工陡坎和挡墙未坐落在稳定的地基上而出现的地面裂缝，或者由建筑质量差而引起的开裂等是滑坡的变形滑动。

滑坡后部宏观调查　当滑坡后部出现贯通的弧形张拉裂缝，并出现向后倾斜的下挫拉裂台阶时，必须尽快采取紧急避让措施，转移滑坡区的居民，组织群众有序撤离至安全区域，并及时向当地主管部门报告。

◎崩塌宏观巡查

和滑坡发生前一样，发生崩塌前，肯定会有如危岩体上出现较大裂缝等前兆。那么，应及时排查有关地段的崩塌风险，及时设置明显的警示标志，提醒群众注意避让，并采取相应的治理措施，尽可能减少地质灾害的损失。一般地，崩塌体的调查内容主要有以下两点：

（1）当发现高陡崩塌体后缘裂缝出现明显拉张或闭合现象时，出现新生的裂缝，应对崩塌体进行详细地面调查，设置明显的警示标志，并采取专业监测设施对裂缝进行监测，实时了解崩塌体裂缝变形拉裂情况，并向当地主管部门报告。

（2）当发现崩塌体下部岩体出现明显的压碎现象，并形成与上部贯通的裂缝时，发生崩塌的可能性十分大，此时应该及时采取紧急避让措施，远离崩塌体，及时向当地主管部门报告，并设置明显的崩塌危险警示牌，提醒过往群众主动避让。

◎泥石流宏观巡查

通常，泥石流沟口是发生灾害的重要地段。在调查时，应仔细了解沟口堆积区和两侧建筑物的分布位置，特别是新建在沟边的建筑物，调查了解沟谷上游物源区和行洪区的变化情况，应注意采矿弃渣、修路弃土、生活垃圾等的分布，它们在暴雨期间可能会成为新的泥石流物源。若在巡查过程中发现泥石流发生，应及时组织群众撤离，并上报至有关部门。

地质灾害群测群防知识顺口溜

为了科学普及地质灾害知识，预防地质灾害，增强全民防灾意识，提升抗灾能力，共创美好家园，巴东县国土资源局不断总结、完善，将地质灾害防治基本知识编成“三字经”、三句半，融入了浓厚的地方特色，起到了很好的宣传普及作用。

◎地质灾害群测群防“三字经”

地质灾 猛虎赛 稍慢怠 人财物 全毁坏 防地灾 预与防
双路开 防灾战 共担当 责任人 管理员 协管员 专管员
四位体 共捆绑 乡镇长 总责关 系与环 紧扣上 大小灾
把舵掌 管理员 候全天 整体处 抓调度 特与殊 要全顾
协管员 勇当先 指导面 巡察边 技术撑 善应变 专管员
不等闲 监测点 测微变 灾大小 要早报 处置早 争夕朝

防地灾 筑平台 网定格 格定员 员定责 县乡村 分包干
齐联动 先排查 再巡查 后复查 隐患点 危险段 重监测
拉网查 点到线 线到面 重过程 留痕迹 出问题 过仔细
防地灾 讲科学 重程序 项与目 要清楚 质与量 莫糊涂
千秋业 要牢固 抓宣传 全覆盖 建预案 勤演练 路线图
标明注 警示牌 要显摆 明白卡 记心怀 发短信 要意赅
地质灾 大危害 勤观察 看预兆 早预防 是高招 多留神
听预报 灾将至 做准备 听安排 及时撤 投亲戚 靠朋友
遇灾害 要冷静 有异响 出险象 大声呼 撤为上 路途中
莫慌张 高声喊 带邻居 出险段 登高处 扎营盘 他人难
出手帮 同舟济 共患难 人性命 至高尚 别贪财 弃赘累
人已撤 勿再返 抗地灾 莫畏难 靠自己 同奋战 写辉煌

◎地质灾害群测群防三句半

地质灾害很猖狂 毁房毁路毁桥梁 崩塌滑坡泥石流 下不得场
地灾祸害可控防 处处留心仔细瞧 预防何处去下爪 看预兆
鸡子走路达扑趴 塘水井水渐沉下 牛马猪狗把气喘 搞拐哒
山体移动石块掉 山谷轰鸣是警告 地缝开裂现异象 发警报
赶快组织大撤离 不要慌张不要急 看好地形上高地 犟不得的
留得青山有柴烧 扶老携幼争分秒 人命关天莫恋财 提起裤子跑
困在灾区无法跑 沉着冷静发信号 位置方位确认好 莫瞎搞
灾害汛期易发生 监测到位要勤恳 蛛丝马迹不放过 走不得神
灾中巡查不怕苦 危处险段下深谷 灾害之中防次生 莫当二百五
地灾防治一张网 四位一体分包干 主体责任要担当 搞不得皮面光
地灾防治全员上 多方都签责任状 责任落实不到位 掉饭碗
大小地灾不可怕 群防群测威力大 强基固体保平安 幸福长

群测群防成功典型事例

◎丰都县大坝子滑坡

2015 年 9 月 29 日 0 时 10 分左右，村民廖娟发现自家房屋有异常响动，起床查看，发现房屋墙体有异常响声，地面出现裂缝，第一时间想到平时宣传的地质滑坡知识，意识到可能要发生滑坡了，立即电话通知村民秦万昌，秦万昌立即报告该社群测群防员冉万军（社长），冉万军也想起平时进行地质灾害宣传知识时讲的滑坡，一面立即打电话向村干部及三建乡人民政府报告，一面通知滑坡体上的村民，并组织他们紧急避险并撤离，在 0 时 50 分左右，安全转移全部群众 9 户 35 人，1 时 30 分左右发生了大面积滑坡。滑坡造成 7 户 16 间房屋全部垮塌，2 户 10 间房屋变形成危房，村道主干路长约 300 m 堵塞中断，直接经济损失约 200 万元。从发现险情，到发生滑坡仅仅只有 1 个小时左右，由于成功预警，安全转移 9 户 35 人，避免了重大人员伤亡。

大坝子滑坡全貌

丰都县三建乡夜力坪村大坝子滑坡避险撤离 9 户 35 人，成功预警，避免了重大人员伤亡。其成功预警地质灾害、避免重大人员伤亡的经验与启示主要有四点：一是群测群防监测预警体系发挥重大作用。建立县（市）级、乡（镇）、村 “三级” 地质灾害群测群防体系及“四级”地质灾害防控网络。落实责任心强的监测责任人、群测群防员，并充分依靠和认真指导他们做好监测预警预报等工作［村民廖娟发现险情后立即打电话通知村民秦万昌，秦万昌立即报告该社群测群防人员冉万军（社长），冉万军立即打电话向村干部及三建乡人民政府报告］。二是地质灾害防治知识宣传培训效果显著。采取专题培训会、院坝会、宣传画报等形式，多领域、多层次深入开展地质灾害防治知识的宣传培训，把宣传培训工作落实到基层、宣讲到每家每户。通过宣传地质灾害危害性、滑坡发生前兆、日常巡查监测方法等防灾知识，进一步增强了基层干部群众识灾报灾、防灾避险、临灾处置等防灾减灾意识和互救自救能力（村民廖娟发现自家房屋有异常响动，可能是滑坡前兆，立即报告预警）。三是地质灾害应急避险演练至关重要。每年三建乡人民政府针对三建乡场镇滑坡开展综合应急演练，邀请村社干部、群测群防人员及部分群众参与观摩，切实提高了基层干部群众应对突发地质灾害的快速反应能力。四是地质灾害临灾处置工作迅速高效。三建乡人民政府及村社干部临灾处置措施得当，人员转移及时，同时驻守地质队员在防灾减灾处置中发挥了重要作用。

今后工作中，进一步健全和完善群测群防体系，落实“四级”地质灾害防控网络，充分发挥地质队技术支撑与驻守作用，广泛加强宣传培训、应急演练，切实做好预警预报工作，最大限度避免或减少灾害损失，确保安全。

◎秭归县杉树槽滑坡——十年磨一剑，群测群防建奇功

杉树槽滑坡是 2014 年 9 月 2 日 13 时 19 分发生在湖北省秭归县沙镇溪镇的一起特大型地质灾害。在滑坡体上最后一名群众撤离险区不到 3 分钟，滑坡下滑，将有 23 人工作生活的大岭电站厂房和五层综合楼、348 国道 200 米长的路段推入长江二级支流锣鼓洞河中，部分通信、电力线路损坏，直接经济损失达 3 220 万元。杉树槽滑坡成功避免重大人员伤亡的过程和经验总结如下。

杉树槽滑坡全貌

（1）发布预警，巡查监测。8 月 28 日至 9 月 2 日全县普降大雨，秭归县在接到地质灾害气象风险预警信息后，迅速组织全县各乡镇和国土资源部门对地质灾害隐患点进行全面排查，同时安排工作组到各乡镇实地查看地质灾害隐患。9 月 2 日 6 时，沙镇溪镇三星店村的群测群防监测员王克旺，按照地质灾害隐患点防灾预案规定的巡查路线和监测内容，对

其负责的大岭电站滑坡进行例行巡查。9 时，王克旺在巡查中发现，大岭电站附近地面冒出浑水，电站输水管道破裂渗水，他立即将这一异常情况向镇人民政府和国土资源所报告。

（2）准确判断，果断决策。10 时，沙镇溪镇镇委、镇人民政府负责同志接到报告后，一面要求王克旺保持监测，随时报告情况，一面将险情向正在该镇其他地质灾害点巡查的县国土资源局总工程师余祖湛通报。12 时许，余祖湛和镇委、镇人民政府负责同志，以及同在该镇协助巡查的地质灾害专家赶到现场查看险情。在查勘现场后，他们发现，公路边的地坪正在慢慢凸起，结合当地地质条件，他们立即认定这是滑坡的临滑前兆。此刻，灾害随时可能发生，已来不及层层上报，余祖湛果断提出“情况危急，立即启动应急预案，立即封锁险区道路，立即疏散和撤离险区群众”的建议。镇人民政府当即启动应急预案，发布滑坡红色预警，迅速组织滑坡体上 8 户 23 人和周边受威胁的群众撤离。13 时 16 分，滑坡上最后一名群众撤离险区，13 时 19 分，80 万立方米滑坡倾泻而下，8 户 23 人居住的楼房被完全摧毁，23 人因撤离及时，幸免于难。

（3）启动响应，四级联动。13 时 40 分，余祖湛在现场将滑坡灾情打电话上报县人民政府和宜昌市国土资源局，宜昌市、秭归县人民政府在启动应急预案的同时，向省人民政府及省国土资源厅（现已改组为省自然资源厅）报告。国土资源部（现已改组为自然资源部）、省人民政府在接到灾情信息后迅速启动应急预案。国土资源部派出原国土资源地质灾害应急技术指导中心专家赶赴现场进行应急调查。时任副省长的甘荣坤批示：“立即启动应急调查，采取有效处置和防范措施，确保不出现人员伤亡。”省国土资源厅按照预案要求，立即启动突发地质灾害 II 级应急响应，时任厅党组书记、厅长的孙亚部署，安排厅领导带领有关处室（单位）负责人和省地质灾害应急专家库专家组成调查组，迅速赶赴现场，联同国土资源部专家进行应急调查，指导和协助地方人民政府开展应急处置，实现了部、省、市、县四级应急响应联动。

（4）组织会商，及时避险。9 月 2 日下午，由部、省、市、县专家组成的联合调查组，在对滑坡周边进行巡查后发现，紧邻杉树槽滑坡的北侧——集镇香山路一带也出现变形，变形范围达 6 万平方米，区内地面挡墙向外位移达 30 厘米，公路内侧排水沟水泥凸起。联合调查组进行技术会商后认为，该变形区地质结构与杉树槽滑坡相似，都是有软弱夹层的顺向坡，且下方又有沙镇溪镇初级中学，若再发生类似杉树槽滑坡的突发岩质滑坡，后果不堪设想，建议立即发布预警。县人民政府迅速划定危险区，发布橙色预警，组织危险区内 429 名群众和沙镇溪镇初级中学的 524 名师生紧急转移到安全区。同时，对危险区实施戒严，拉设警戒线，封闭通往危险区的交通，安排民兵、公安和镇村干部 70 余人 24 小时轮班值守，严禁群众、车辆擅自出入危险区。9 月 3 日 1 时，受威胁的群众和师生全部安全撤离到临时安置点。

（5）部门协作，保障应急。灾害发生后，各级各部门按照预案分工，第一时间投入抢险救灾。交通部门迅速组织抢通损毁的交通干线，保障物资运输。民政部门积极安抚受灾群众情绪，调配发放应急物资，保障群众基本生活。电力部门抢修供电设施，灾害当日即恢复供电。公安部门负责维持秩序，确保临时安置点的治安。教育部门协助组织沙镇溪镇初级中学师生撤离。

为在确保安全前提下早日结束预警，恢复正常生产生活，省国土资源厅于 9 月 3 日连夜紧急调配 10 套全自动应急监测设备，9 月 4 日仪器架设完毕并发回监测数据，针对危险区，特别是沙镇溪镇初级中学，进行 24 小时不间断位移监测，实时掌握变形情况，为技术研判、调整预警级别等应急处置措施提供科学依据。

（6）科学研判，预警降级。9 月 12 日，部、省、市、县专家再次进行技术会商。通过对连日专业监测数据的分析，建议将预警级别由橙色降为黄色。预警级别降低后，杉树槽滑坡附近的戒严也随之解除，临时撤离的群众返回居住，沙镇溪镇初级中学师生也返校复课。为确保安全，针对严重变形区，除开展群测群防监测外，继续进行应急自动监测。

这是地质灾害群测群防工作十分成功的典型案例。秭归县始终坚持依靠群众防灾减灾，将基层干部群众纳入监测预警和应急体系建设当中，使防灾关口前移、重心下沉；始终坚持群专结合，依托专业技术队伍，不断规范群测群防建设，使规范化运行的群测群防覆盖到每一个地质灾害隐患点。经过十多年的不断努力，秭归县群测群防工作在防治体系、技术力量、人员队伍及制度建设等方面取得了良好效果。一是明确了每个地质灾害点的群测群防员和监测巡查的路线、频率、内容、方法。二是针对每个地质灾害点，通过向乡（镇）、村组干部发放地质灾害防灾工作明白卡，明确突发地质灾害应急工作程序；向群众发放地质灾害防灾避险明白卡，明确撤离信号、路线和安全区。三是加强对监测巡查的检查督促，确保群测群防员监测工作落到实处。

◎大滩滑坡——湖北省巴东县成功监测预报木竹坪村特大滑坡纪实

2007 年 4 月 23 日，在全国地质灾害防治表彰会议上，湖北省巴东县黄腊石村党支部书记宋文富作了做好地质灾害群测群防工作的典型发言。仅半个多月后的 5 月 10 日，在这个县的清太坪镇木竹坪村就发生了总体积为 600 万～660 万立方米的特大型滑坡。由于各种措施得力， 181 户 658 名村民及时安全转移，创造了我国地质灾害“早监测、早发现、早预报、早撤离”的无一人伤亡的典型案例。

大滩滑坡

预警提前发出，村民迅速转移

2007 年 5 月 2 日，木竹坪村 2 组村民向宏俊发现大滩坪前沿通往渡口的公路上出现地裂缝，当即报告了清太坪镇国土资源所，镇国土资源所干部宋兴明迅速赶到现场，用木桩在裂缝两侧设置了简易观测点，并嘱咐向宏俊继续进行监测。

5 月 5 日，向宏俊发现裂缝有所增加，就及时将情况报告到镇人民政府办公室和镇国土资源所，所长陈祥博立即赶到现场进行调查，并进一步明确监测责任和落实监测措施。随着裂缝的不断扩大，清太坪镇人民政府于当晚将险情报告县人民政府及县国土资源局。5 月 8 日，监测人员报告地裂缝又有加剧，国土资源所工作人员迅速进驻现场加密监测，并将现场核实裂缝变化情况及时上报。

10 日 5 时左右，滑坡体前沿开始产生局部小规模坍滑。8 时，县地质环境监测站技术人员赶到灾害现场，根据滑坡变形范围，马上划定险区范围，开展加密监测和巡查。同时，标明群众撤离线路，明确报警信号，做好撤离准备工作。

滑坡前沿小规模的坍滑一直持续到 15 时许，滑坡变形进一步加剧。千钧一发之际，县国土资源局将这一情况汇报给县人民政府，巴东县迅速启动突发地质灾害应急预案。

10 日下午，县委常委、政法委书记、县公安局局长杨立勇，时任副县长的张渊平，县国土资源局副局长谭兴勇，清太坪镇党委和人民政府领导等相继赶到灾害现场，迅速成立地质灾害应急抢险指挥部，公安、国土、民政、移民等部门人员迅速组织滑坡险区人员紧急撤离，疏散险区群众，设立警戒线，迅速开展应急抢险救援工作。

4 时 30 分左右，国土资源部门巡查人员发现地面裂缝向前扩展，又危及许多村民。现场抢险人员再次紧急疏散撤离第二批险区村民。5 时 20 分前，险区村民全部撤离到安全地带。5 时 30 分，险区内人员刚刚转移出险区，滑坡体开始大规模滑动。

5 月 11 日 1 时 15 分，地面裂缝继续延伸扩展并加剧，现场人员连夜紧急疏散第三批险区群众。1 时 45 分，发生第二次大规模滑坡。滑体总面积为 22 万平方米，体积为 600 万 ~ 660 万立方米，造成 16 栋 86 间房屋倒塌，但险区 181 户 658 人无一伤亡。

监测网络健全，防灾意识增强

在湖北省巴东县的一处处地质灾害告示牌上，记者看到每块告示牌上面都有详细的说明。特别值得称道的是，告示牌上不仅有具体的责任单位、责任人和监测员，而且还用图示进行形象化的指引，这些使在万一出现灾情时，一切工作都能做到井然有序。

3 月 2 日，县人民政府召开了全县三峡库区和水布垭库区移民与地质灾害专题会议，把水布垭库区地质灾害防治作为重点工作进行了安排和部署。3 月 30 日，县国土资源局又召开了全县地质灾害监测业务培训会，针对地质灾害基本知识、监测和预警方法、如何避让等做了专题讲座。

在 2007 年全县地质灾害监测预警和群测群防工作部署会上，为所有监测人员配齐了“六个一”（一件雨衣、一把钢卷尺、一只手电筒、一双雨鞋、一支钢笔、一个记录本）监测工具。县国土资源局安排清太坪镇国土资源所对调查出来的地质灾害点开展了基本情况再调查和统计工作。

大滩滑坡险情发生后，巴东县委、县人民政府迅速启动了突发地质灾害应急预案，成立了应急抢险指挥部，调集 100 多名公安干警和武警官兵及村镇干部，划定险区和影响区范围，连夜组织险区和影响区范围内人民群众撤离并落实临时避险安置措施，责令有关部门封锁险区道路、停电、封船，并实行 24 小时加密监测巡查措施，将灾害损失降到了最低限度。

由于巴东县建立了健全的 600 多人的县、乡、村三级地质灾害预报网络，一旦出现险情，就会有人在第一时间报告信息，已连续 7 年纳入监测范围的地质灾害隐患点没有出现一例人员伤亡事故。

大滩滑坡引起各方密切关注

这次大面积滑坡引起了国务院领导的高度重视，国务院副总理曾培炎做了重要批示，要求国土资源部加强指导并协助地方做好抢险救灾工作。为落实国务院领导的重要批示精神，国土资源部原部长徐绍史特别强调要评估灾情发展，及时启动应急预案，确保群众安全。国土资源部原副部长贠小苏当即责成湖北省三峡库区地质灾害防治工作领导小组办公室安排三峡库区地质灾害防治工作指挥部派出专家到现场调查情况，指导救灾。

湖北省各级领导密切关注灾情的发生。原省委书记俞正声要求，应确保灾区人民群众人身安全，并妥善安排他们的日常生活。原省长罗清泉指出，要进一步重视该地区的地质灾害防治，对险区群众必须坚决转移，确保人员安全，要加强监测，及时掌握信息并妥善应对可能出现的灾害，要落实防治预案，组织工作专班，加强对这一区域地质灾害防治的领导。之后，原副省长刘友凡来到滑坡现场进行了实地查看。湖北省恩施州委、巴东县委县人民政府及时召开灾民安置工作会，对救灾工作进行了全面部署。

5 月 11 日，国土资源部三峡库区地质灾害防治工作指挥部指挥长黄学斌带领五人组成的专家组赶赴现场开展应急调查和指导抢险救灾工作。5 月 13 ~ 14 日，湖北省国土资源厅党组成员、省地灾办副主任徐振坤、地质环境处处长田大佑和副处长施伟忠等先后赶赴现场指导应急救灾工作。

为帮助受灾群众解燃眉之急，恩施州人民政府紧急调拨 100 万元，用于木竹坪村和郑家园村灾民生活安置、救灾与恢复生产。

巴东县国土资源局在迅速启动水布垭库区地质灾害应急预案的同时，相继成立了大滩滑坡应急指挥部，负责落实大滩滑坡地质灾害监测预报工作任务。

专家解读大滩滑坡发生原因

2007 年 5 月 10 日，巴东县国土资源局根据现场工作人员调查情况，立即邀请湖北省水文地质工程地质大队（现已更名为湖北省地质局水文地质工程地质大队）和湖北省第二地质大队（现已更名为湖北省地质局第二地质大队）的专家于当晚赶赴现场开展应急调查工作。5 月 12 日，三峡库区地质灾害防治工作指挥部专家组也到达现场开展应急调查。

据初步统计，滑坡导致 9 栋民房及财产摧毁，另外 4 栋民房悬空于滑坡后壁，县乡（清金）公路被毁 400 米，村级公路被毁 1 000 米，桃符口渡口码头被彻底摧毁，直接经济损失约 500 万元，间接经济损失约 3 900 万元。

专家指出，滑坡地带处于鄂西南中低山区，区域内断裂及褶皱构造较发育。大滩滑坡地处清江岸边，岩层破碎，风化严重，且具有岩溶现象。滑坡区自然坡度为 30 ~ 50 度，坡体表层分布着厚 10 ~ 30 米的碎块石土，易饱水、变形，滑坡体所在的斜坡自身稳定性差，是发生大面积滑移的内在原因。调查分析，这次滑坡为特大型牵引式土质滑坡。

清江水布垭水库从 4 月 21 日起蓄水，蓄水水位淹没滑坡前缘 50 ~ 60 米，库水对滑坡前缘坡脚的浸泡使土质斜坡的稳定性大幅度降低。另外，在此期间，滑坡所在区域有小规模降雨，雨水的下渗对斜坡上土体的稳定不利，这也是诱发滑坡体滑移的外因。

专家预测，该滑坡地带目前稳定性差，在继续蓄水和暴雨等因素影响下，该地带继续滑移的可能性较大。因此，清江水库建设单位应开展地质灾害危险性评估，并采取有效防灾措施。目前已进入汛期，对滑坡的监测仍应继续加强，同时对灾民的永久安置应尽快提出解决措施。

地灾防治手段多
监测预警科学化

滑坡灾害防治工作中应秉承“预防为主、避让与治理相结合”的原则。预防地质灾害的途径主要是针对灾害开展监测预警工作，在此基础上制订地质灾害防治和应急预案。因此，监测、预测及预警是地质灾害防治的首要任务和重点工作。根据《三峡库区地质灾害防治总体规划》，与三峡工程分期蓄水阶段和进程相一致，分二期和三期建立了覆盖全三峡库区的集群测群防、专业监测和信息系统为一体的地质灾害监测预警体系。

地质灾害监测内容

地质灾害监测就是了解和掌握地质灾害的变形演变过程及其中的特征信息，如裂缝的扩张情况、滑坡位移情况及水位变化等信息，为地质灾害的正确分析评价、预测预报及后续治理工程等提供可靠资料和科学依据。

从监测内容上，地质灾害监测包括变形监测、影响因素监测、前兆异常现象（宏观现象）监测三个方面。

变形监测

对地质灾害体的变形情况进行监测。它包括位移监测、倾斜监测及其他相关物理量的监测。其中位移监测主要是对位移量、位移方向、位移速度和裂缝变形监测；倾斜监测主要是对地面倾斜、钻孔（地下）倾斜的监测；其他相关物理量监测主要是对与变形有关的物理量监测，主要包括推力监测、地应力监测、地声监测、地温监测等，通过这些物理量来间接判断灾害体的变形趋势。

影响因素监测

对可能诱发地质灾害的因素进行监测。常见影响因素监测有对降雨量、库水位、地下水、地表水、地震和其他人类活动情况的监测等。

前兆异常监测

对地质灾害发生前出现的异常现象进行监测。它一般包括宏观变形监测、宏观地声监测、动物异常监测、地表水和地下水宏观异常监测等，如滑坡变形破坏前常常出现地表裂缝和前缘岩土体局部坍塌、鼓胀、剪出，以及建筑物或地面的破坏等。

从监测体系和监测级别上，地质灾害监测可分为群测群防监测和专业监测两大类。

群测群防监测

群测群防监测，一般针对潜在不稳定地质灾害隐患点，以及受威胁人数和潜在经济损失均较少的点，主要监测方式包括简易监测和现场巡视观察。

简易监测是以卷尺、钢直尺等为主要测量工具，建立简易观测标、桩、点，对监测点地面裂缝和其建筑物裂缝进行定期（或加密）测量记录。对其上水体（堰塘）、水井和泉点进行水位、流量的简易量测与记录。

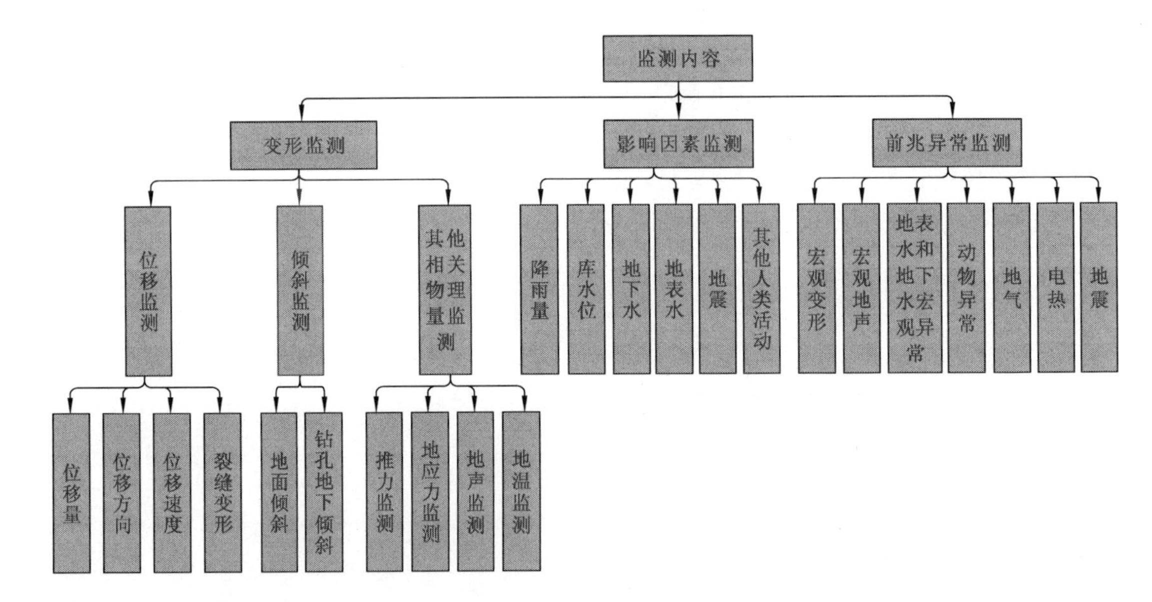

现场巡视观察是对监测点的宏观变形形迹（如地裂缝，建筑物开裂，地面塌陷、下沉、鼓起等）与短临前兆（如地声、地下水异常、动物异常等）等进行巡视调查记录。按照预先设置好的巡视观察路线，巡查地表有无新增裂缝、洼地、鼓丘等地面变形迹象；有无新增房屋开裂、歪斜等建筑物变形迹象；有无新增树木歪斜、倾倒等迹象；有无泉水井水浑浊、流量增大或减少等变化迹象；有无岸坡变形塌滑现象等。总之，巡查崩塌滑坡塌岸的变形形迹和变形破坏前兆特征。

专业监测

主要针对那些严重威胁城镇、矿区、交通干线、重大工程安全的地质灾害，采用专业技术方法及仪器设备进行的地质灾害监测工作。由政府或企业专门投入经费，采用专门的监测设备、由专业技术人员对地质灾害体进行的监测工作。监测内容主要有大地变形监测、地表裂缝位移监测、滑体深部位移监测、地下水及孔隙水压力监测、滑坡推力监测、人类活动监测及宏观地质巡查监测等。

地质灾害监测方法

针对地质灾害所表现出来的各类特征，同时为了了解和避免灾害的发生，地质灾害监测方法应运而生。根据监测目的和灾害重要程度不同，所选择的滑坡监测方法也不同，主要可分为裂缝简易监测方法和专业监测方法两大类。

◎裂缝简易监测方法

裂缝是滑坡最直观清晰的表现形式之一，在滑坡体裂隙处设置简易监测标志，定期测量裂缝长度、宽度、深度的变化，以及裂隙的形态和开裂延伸方向是获取直观可靠的信息、简单经济、实用性较强的监测手段，适合对正在发生的滑坡进行观测。常用的裂缝简易监测方法有埋桩法、埋钉法、刷漆法和贴片法。

埋桩法 在斜坡上横跨裂缝两侧分别埋设水泥桩或木桩，用钢卷尺测量两桩之间的水平距离和垂直距离，用于了解滑坡变形情况，如变形大小、移动方向。两桩之间的水平距离反映了裂缝宽度的变化，两桩之间的垂直距离反映了灾害体在竖向发生的上下变形情况。对于土体裂缝，埋桩不能离裂缝太近。埋桩法适用于测量滑坡土体上不规则区域的裂缝，简单方便，适用性强。

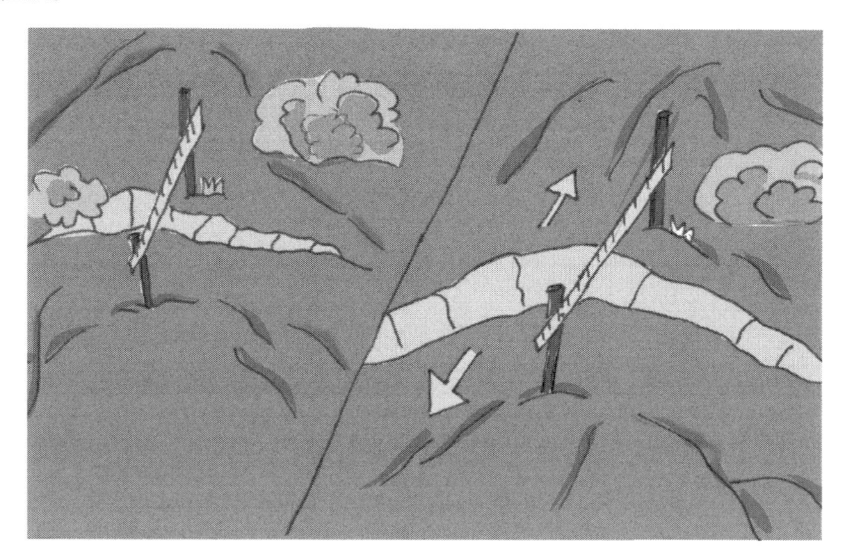

埋桩法

埋钉法 在建筑物裂缝两侧各钉一颗钉子，通过测量记录两颗钉子之间距离的变化来判断滑坡的变形情况。这种方法对于临灾前兆的判断非常有效。该方法主要对建筑物变形有较好的适用性，经济实惠，对原有建筑影响小。

埋钉法

刷漆法 横跨建筑物裂缝用油漆刷上规则形状的标记，如直线形、长方形标记等，通过观察和量测油漆标记的错动来判断裂缝的变形情况。该方法既醒目又简单，是一种经济实用的好办法，适用于建筑物墙面、地面、窗梁等刚性体裂缝的监测。

刷漆法

贴片法 横跨建筑物裂缝粘贴水泥砂浆片或纸片，若砂浆片或纸片被拉断，则说明滑坡发生了明显变形。该方法的测量原理及适用范围与刷漆法相同。

除了上述方法，还可以借助简易、快捷、实用、易于掌握的预警装置和简单的声、光、电警报信号发生装置，来提高预警的准确性和临灾的快速反应能力。

一般来讲，山区房屋产生裂缝的原因主要有两种：地基沉降和滑坡变形。地基沉降产生的墙体裂纹一般属于结构性裂纹，水平方向裂缝常出现在房屋纵墙的两端和窗间墙，这些裂纹一般呈对角线分布；而竖向裂缝发生在纵墙中央的顶部和底层窗台处，裂缝上宽下窄。滑坡变形导致建筑开裂的位置不固定，通常与滑坡体变形位置一致，此时应查看屋外地面裂缝分布，观察地面裂缝方向是否与墙体开裂方向一致。滑坡区居民若无法判断裂缝是否由滑坡变形或地基沉降形成，应聘请地质灾害防治主管部门专业技术人员查看。

◎常用专业监测方法

为了追求滑坡监测的准确性，也为了深入研究滑坡产生的原因和各类可能的影响因素，必须对滑坡进行专业监测。针对不同的监测目的、不同滑坡发育阶段及不同滑坡类型所选择的专业监测方法不同。主要专业监测方法及监测仪器如表所列，实际应用时应遵循少而精的原则选用一种或多种方法及设备。目前，常用的专业监测方法如下表所示。

监测内容		监测方法	监测仪器
地表变形	绝对变形	常规大地测量	经纬仪、水准仪等
		GPS（global positioning system，全球定位系统）	GPS 接收机
		近景摄影	专业测量照相机
		遥感（remote sensing，RS）	地球卫星等
	相对变形	地面测斜法	地面测斜仪等
		简易测缝法	钢尺等
		机测测缝	测缝计、收敛计、伸缩计等
		电测测缝	电感调频式位移计等
地下变形	相对变形	深部横向位移监测	钻孔倾斜仪
		测斜法	地下倾斜仪、多点倒锤仪
		测缝法	测缝计、位移计等
		重锤法	重锤、坐标仪等
		沉降法	水准仪、收敛仪等
相关物理量监测		声发射监测法	声发射仪、地音仪等
		应力应变量测法	地应力计、应变计、锚索测力计等
		深部横向推力监测法	钢弦式传感器、分布式光纤、频率仪等
滑坡影响因素监测		地下水动态监测	水位计、孔隙水压力计、测流仪等
		地表水动态监测	水位标尺、流速仪、量水堰等
		水质动态监测	取水样设备等
		气象监测	温度、雨量、风速
		地震监测	地震仪等
		人类工程活动监测	—
宏观变形地质巡视		常规地质调查设备	—

下面主要介绍专业监测工作中目前最常用的方法和设备。

大地变形监测方法

大地变形监测是最直接的监测手段之一，是指利用精密的仪器设备对灾害体地表观测点的绝对位移进行测量，以确定观测点的水平位移、垂直位移及变形速率。最常用的仪器有经纬仪、全站仪、GPS 设备等。

经纬仪监测 经纬仪是对灾害体地表变形进行测量的主要仪器之一。它由望远镜、水平刻度盘、竖直刻度盘、水准器、基座等组成，测量时将经纬仪安置在三脚架上，将仪器中心对准地面测点，用水准器将仪器定平，用望远镜瞄准测量目标，用水平刻度盘和竖直刻度盘测定水平角和竖直角。实际应用时，在测点处放置竖直标杆，通过望远镜瞄准标杆可以确定测点间的角度和高差，通过多次定时观测就可以确定灾害体的位移变化情况。该方法具有经济实惠、精度较高的特点，可以满足一般的变形测量要求。

全站仪监测 全站仪是全站型电子速测仪的简称，由电子经纬仪、光电测距仪和电子记录器组成，是可实现自动测角度、自动测距离、自动计算和自动记录的一种多功能、高效率的测量仪器。使用全站仪可以确定观测点的位置与高程，通过不同时间对观测点的位置及高程的观测，可以确定灾害体的位移大小、方向及速度。全站仪与经纬仪相比，具有操作方便、功能强、精度高、速度快等特点。

经纬仪监测大地变形

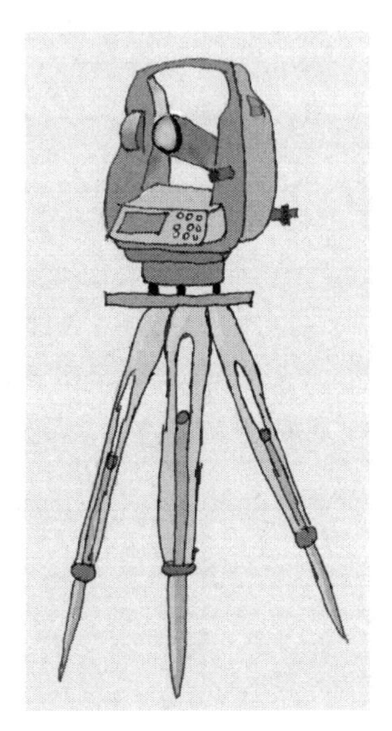

全站仪

GPS 设备监测 GPS 是一种全球卫星定位系统,可以对地面上的目标进行精确定位。GPS 由地面控制系统、空间卫星及用户接收装置三部分构成，地面控制系统将卫星收集到的信息加工处理后再发送给卫星；空间卫星接收地面控制系统发送的信号并连续地向地面用户发送定位信号，用户接收装置接收卫星信号，测定地面点位坐标。GPS 作为先进的测量手段在地质灾害领域获得广泛应用，具有高精度、自动化和全天 24 小时连续测量的优点。在灾害体地表变形监测中，利用 GPS 可实时测定观测点的三维地理坐标，通过分析三维地理坐标的改变可准确提供灾害体的位移大小、方向和速度。相对其他两种形变监测方法，GPS 设备监测操作方便，可以大大减轻监测人员的工作压力，提升工作效率，监测数据也能满足工作要求，解决了野外观测难度大、工作范围广的难题。

GPS 设备监测

地表裂缝简易监测方法

地表裂缝简易监测是指利用简易量测工具对灾害体表面裂缝的伸缩变化情况进行量测，以确定灾害体表面裂缝的相对位移特征，常采用伸缩计、位移计或卷尺、卡尺、直尺等直接量测，是方便有效的地表裂缝监测手段。

地表裂缝测量

深部位移监测方法

深部位移监测是指利用专门的仪器对灾害体深部的变形特征进行量测，以获得灾害体深部，特别是滑带的变形情况，是用于了解灾害体整体变形特征的重要方法。它主要采用钻孔倾斜仪进行量测，钻孔倾斜仪安放在滑体深部，深部位移错动带动倾斜仪倾倒，通过位移传感器可以实时监测不同深度处滑体位移的大小及速率。

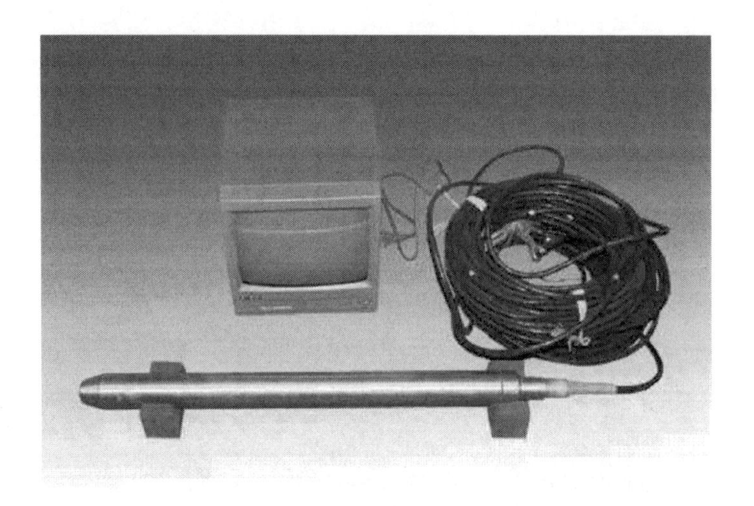

钻孔倾斜仪

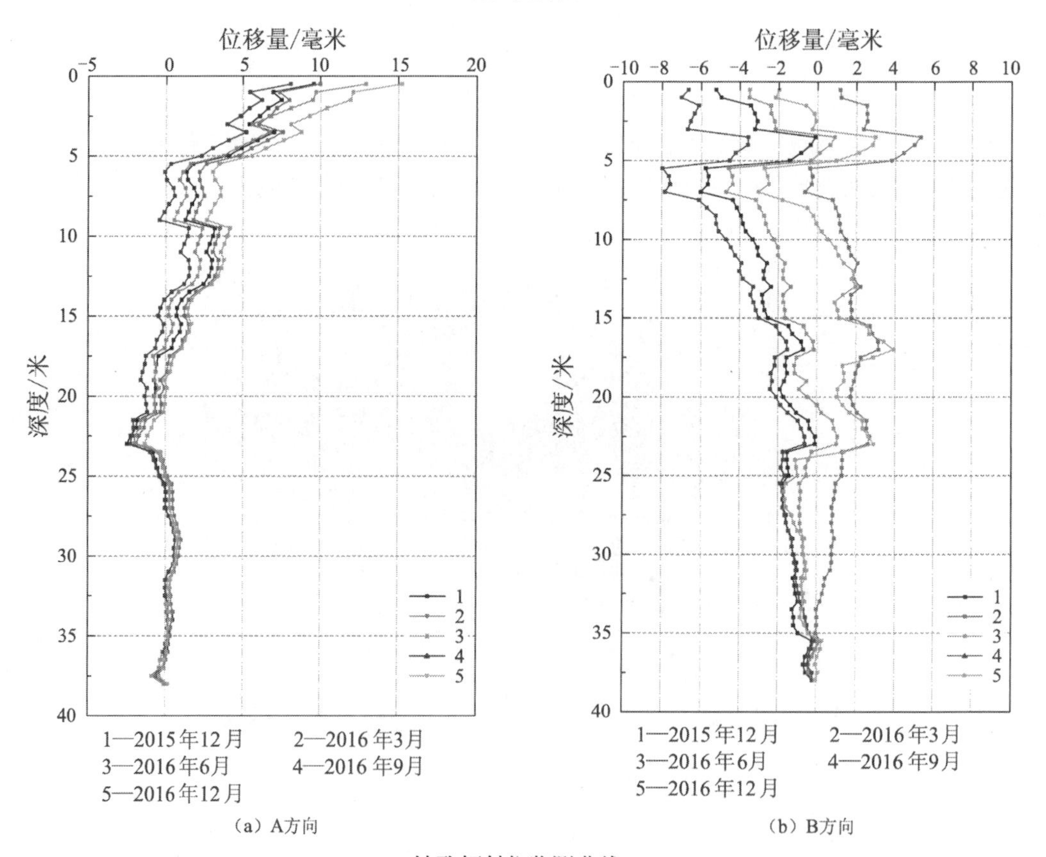

（a）A方向　　（b）B方向

钻孔倾斜仪监测曲线

地下水监测方法

地下水监测是指利用相关设备对灾害体地下水的水位或水压力进行量测，以获得灾害体内地下水的动态变化，常用仪器有监测盅、测流仪、测流堰、水位自动记录仪、孔隙水压计、钻孔渗压计等，其中监测盅、测流仪、测流堰用于对出露地表的泉水水量和流速进行量测，以间接了解灾害体内地下水的变化；水位自动记录仪和孔隙水压计用于量测井、坑、平硐、竖井、钻孔中的地下水水位变化情况。地下水是影响滑坡稳定最重要的因素之一，因此，地下水监测是滑坡监测体系中不可或缺的内容。

地下水监测原理

降雨监测方法

降雨监测是指利用一定的方法和手段对灾害体所在地的降雨量进行实时量测，以获得降雨量及降雨过程的变化情况。它主要采用雨量计进行量测，常见的雨量计有虹吸式和翻斗式两种。目前一般采用自动雨量计进行遥测，技术已很成熟。降雨是触发滑坡的最重要因素之一，因此雨量监测成为滑坡监测的重要组成部分，已成为区域性滑坡预报预警的基础和依据。

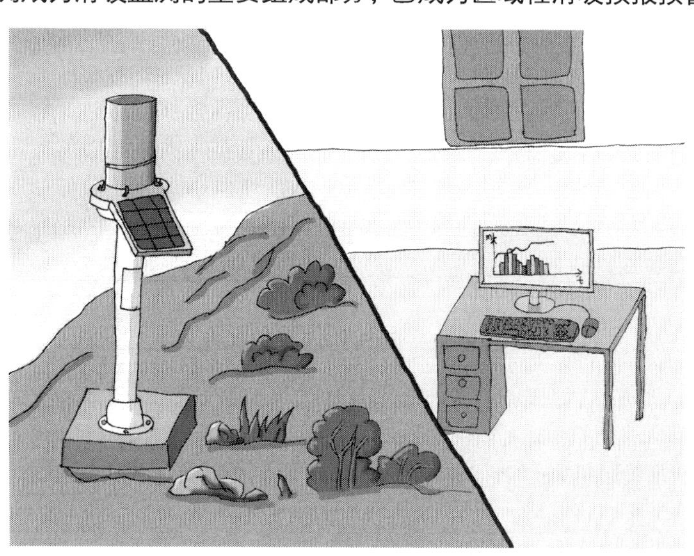

自动雨量计原理

随着科技的发展，目前不断有新技术、新方法应用到地质灾害监测领域，主要有三维激光扫描技术、测量机器人、InSAR（interferometric synthetic aperture radar，合成孔径雷达干涉）技术、IBIS-L（image by interferometric survey of landslides and slopes，地面雷达微变形监测技术）等。

三维激光扫描技术

三维激光扫描技术又称为实景复制技术，是继 GPS 技术之后监测技术的又一次革命。该监测技术能够提供灾害体表面的三维云数据，因此，可用于获取灾害体地表的高精度、高分辨率的数字地形。三维激光扫描技术突破了传统的单点测量，具有高效率、高精度的独特优势。作为一种先进的监测方法，它解决了传统的地表地形测量速度慢、工作量大、数据点少且不精确的难题，为后期地形的处理提供了丰富而精确的数据。

三维激光扫描

测量机器人

测量机器人又称自动全站仪，是一种能代替人进行自动搜索、跟踪、辨识和精确照准目标并获取角度、距离、三维坐标及影响等信息的智能型电子全站仪，是在全站仪基础上集成步进马达、视频成像系统，并配置智能化的控制及应用软件发展而成的。利用测量机器人不仅可对灾害体进行自动化实时监测，而且可对监测数据进行存储和智能化分析与处理，并对灾害体地表变形过程进行自动化监测。测量机器人的诞生，使全站仪的工作原理变得简单，可以实时监测，并且价格相对便宜。

InSAR 技术

InSAR 技术是一种新的空间对地观测技术，一种将合成孔径雷达（synthetic aperture radar，SAR）复型雷达数据中的相位信息提取出来，进行干涉处理以精确确定地球表面三维信息的技术。利用该技术可以监测地表微小变形，精度达厘米量级，且不受光照和气候条件等限制，可以实时监测，甚至可以透过地表植被获取其掩盖的信息。因此，该技术在地质灾害监测领域具有广泛的应用前景。作为一种先进的变形位移信息监测方法，它继承了 GPS 的优点，而且精度更高，可以得到更多的地表信息，方便后期处理。

InSAR 技术

IBIS-L 地面雷达微变形监测技术

IBIS-L 地面雷达微变形监测技术是用于远距离监测目标位移并且获取监测区域二维图像的一种高精度监测技术。它是集合了步进频率连续波技术（SF-CW）、SAR 技术和干涉测量技术的高新技术产品。通俗来讲，IBIS-L 的监测原理与蝙蝠识别周围物体的原理相似，通过向周围发射超声波来获得周围物体的位置信息和形状信息。该监测技术的遥测距离可达 4 000 米，测量精度达 0.1 毫米，与 GPS、全站仪等技术相比，具有遥测距离远、测量精度高、测量范围连续覆盖等优势。它不仅可以对灾害体地表和建筑物表面的微小变形进行精确测量，还可以对一定区域的灾害体表面进行大范围测量，以获得灾害体的整体变形分布特征。该方法解决了滑坡大范围监测精度不高的问题，满足了大区域滑坡研究对数据精度、数量和时间的要求。

综合自动遥测

综合自动遥测是指综合利用现代传感器技术、自动控制技术、信号分析及无线传输技术等，对灾害体多种手段的实时动态监测以实现远距离遥控。监测过程中数据的采集和处理都可以自动化完成，监测数据可用于绘制各种数据曲线和图表。该方法的优点是：监测内容丰富，自动化程度高，可全天候实时观测并远距离传输，省时省力。综合自动遥测系统设定了监测数据阈值（如位移量阈值、位移变化速率阈值等），实时连续监测能快速检测到监测信息的临界变化，从而在超出预定阈值时能自动报警，做到在事态恶化之前及时采取应急处理措施。该方法适用于灾害体变形处于急速变化及临滑状态的中、短期监测和预警。综合自动遥测针对滑坡数据采集分析处理难、时间长、不能及时预测预报而提出，解决了数据处理的难题，并能及时预报滑坡的发生。

综合自动遥测

◎专业监测设施保护措施

保护好专业监测设施，可以为地质灾害预警提供连续不断的监测数据，及时发现险情并及早进行处置。为保护专业监测设施，应采取以下措施：

设立标志牌及围栏 在专业监测设施旁应设立标志牌，注明仪器的作用、监测人、设立单位、联系电话等，并告知公众应自觉保护监测设施，禁止损毁监测设施；在监测设施周围还应设立围栏或仪器保护箱，以避免设施受到外界干扰和损坏。

国家制定相关法律 国家已颁布法律，将破坏或盗窃监测设施作为违法犯罪行为，保护并看护监测设施是公民的光荣义务。

设立标志牌及围栏

严禁破坏和盗窃行为

教育儿童不要敲打移动监测设施 监测设施具有很高的科学技术含量，往往引起儿童的强烈好奇心，他们甚至会用石头、榔头、小刀等硬器敲打设施，导致监测设施变形、损坏，不能正常工作。因此，经常教育儿童要保护好这些设施。

不要让牲畜碰撞监测设施 监测设施精密程度高，不得把它当作树干用来拴系牲畜，不得在监测设施附近放养牲畜，应避让适当距离，以免牲畜损坏设施。

劳动耕作应避免干扰监测设施 监测设施很多位于农田、橘林中，山区农田地方狭窄，在进行耕作时，应避开监测设施，避免对监测设施造成干扰和损坏。

发现监测设施出现问题应及时上报 监测设施在库区分布广，监测人员巡视周期长，往往不能及时发现设施的损坏，因此发现监测设施出现损坏等问题要及时上报，以防因监测设施损坏而长时间缺失监测数据，影响监测预警效果。

隔离牲畜

发现监测设施出现问题及时上报

滑坡灾害预测预报

预测预报是地质灾害防治不可或缺的重要任务之一。对于不同类型的地质灾害，往往有不同的预测预报方法。由于滑坡为山地主要地质灾害类型，这里仅介绍滑坡灾害预测预报方法。一般来说，滑坡灾害预测包括空间和时间两个方面，空间预测是滑坡预测的基础和首要环节，提供可能发生滑坡的位置和范围。时间预测则为地质灾害预警预报提供科学依据，只有做出可靠的时间预测成果，才能做出相应的滑坡灾害预警预报。

◎滑坡能否预测

大部分灾害的发生都是有迹可循的，是一个量变到质变的过程，都存在着不同迹象可以用来预测灾害。滑坡在发展过程中，会伴随着一系列的特征现象，这些现象与滑坡伴随甚至提前发生，通过对这些现象的观察分析，在一定程度上，可以进行滑坡预测。

同时，滑坡具有长期变形演化的特点。滑坡未发生时，位移变形稳定增长；在临滑前，位移开始突变增长。因此，监测分析滑坡的位移演化趋势，也可以预测滑坡。综上所述，滑坡预测是可行的，是有科学性的。

◎滑坡怎样预测

根据滑坡预测的科学依据，滑坡预测的途径主要包括以下几种：

一是关注滑坡自身发展演化过程的监测和描述。在滑坡上设置监测点，监测滑坡位移变化，通过分析滑坡位移时间关系预测滑坡。

二是关注外界激发因素对滑坡演化过程的加速作用，尤其是暴雨因素。滑坡产生过程中，水是其中重要的一类诱发因素，滑坡往往在暴雨及长期降雨时加速滑移，因此，必须密切关注降雨与滑坡之间的相关性，进而预测滑坡。

三是通过分析滑坡稳定性的变化来预测滑坡。滑坡的发生是因为岸坡提供的阻滑力小于岸坡提供的下滑力，两种力的比值就是稳定性系数，当下滑力接近甚至大于阻滑力时，滑坡就极有可能产生，因此稳定性系数越小，滑坡越危险，分析稳定性系数的变化可以预测滑坡是否发生。

根据预测时间的长短，滑坡预测分为以下几种：

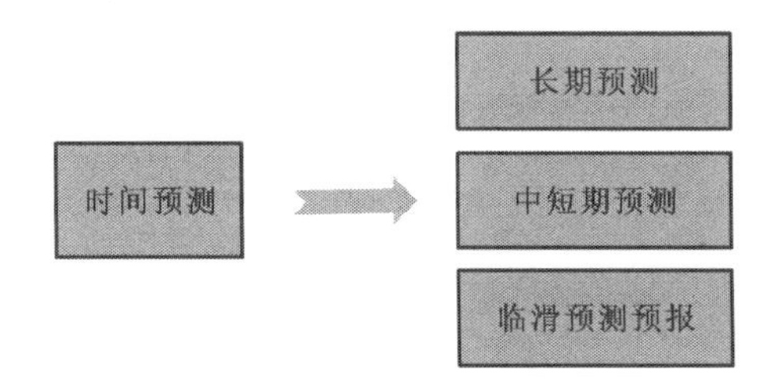

长期预测　长期预测用来预测滑坡可能发生的年份范围，可以是几年、几十年甚至更长时间，其结果是近似的。长期预测主要通过分析历史滑坡及其活动性资料、易滑坡地质环境，

结合区域构造应力场和地震活动的规律性与周期性特点，粗略预测沿活动构造带滑坡灾害活动性规律，但是这种预测是超长周期的，趋势性的。

中短期预测 中短期预测用来预测滑坡可能产生的季度或月份范围，其结果比较准确。中短期预测是在掌握滑坡动态发展趋势基础上，分析推断滑坡近期的演化趋势，预测滑坡可能产生的季度或月份。中短期预测主要有两个重要途径：一是滑坡自身运动的内在规律和活动性趋势分析；二是滑坡活动性触发因素与滑坡活动性之间的关系。例如，建立滑坡与降雨量和降雨强度的关系、滑坡位移与地下水的关系，确定诱发滑坡的降雨量、降雨强度、地下水压力的临界值，是开展中短期滑坡灾害预测的有效途径。

临滑预测预报 临滑预测预报用来预测滑坡可能产生的日期甚至小时，其结果相对准确。临滑预测预报必须有严格可靠的连续监测数据来获取滑坡发生前的重要信息，如位移场、应力场、水化学场及物理场等的动态变化，且数据越多，预测精度越高。此外，关注滑坡发生前相关异常现象，如动物异常、泉水异常等，是提高临滑预测预报准确性的重要途径。

由于滑坡问题的复杂性，滑坡时间预测预报目前还是一个世界性的科学难题。滑坡时间预测预报的关键是建立与滑坡实体一致的预测预报模型，而预测预报模型包括预测方法和预报判据两个方面。

◎滑坡怎样预报

科学预报方法主要通过建立滑坡预报模型，分析滑坡数据得到是否会发生滑坡结论。这一过程的不同可将预报模型分为以下几类：

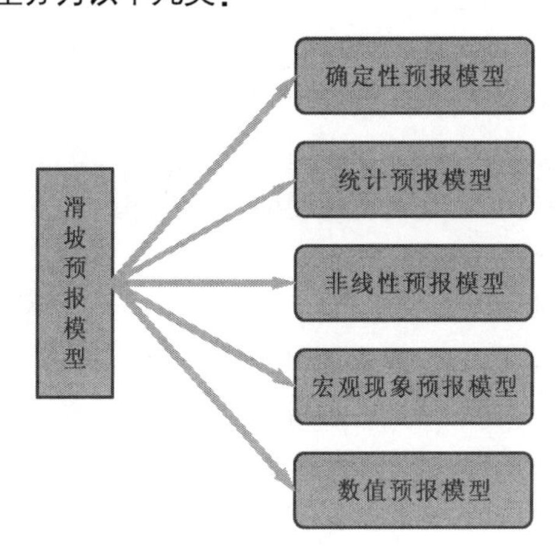

现有的科学预报方法，主要可以分为以下几个方面：

（1）定性判断：通过看到的滑坡前的迹象来判断滑坡发生的可能性。滑坡在发生的时候会出现很多异常现象。通过对异常现象的分析，判断是否有滑坡或者是否发生滑坡，主要依赖于预测人员的经验。

（2）定量判断：通过对滑坡进行各类数据监测分析，判断滑坡是否会发生。许多滑坡的滑坡体上都分布着众多监测点，以此对滑坡的运动位移、应力、地下水等进行监测。因此，对滑坡的位移数据进行分析可以很好地为滑坡预报分析服务，通过数据分析预测滑坡就是定量判断。

（3）综合判断：将定性判断与定量判断结合起来，既可保证准确性，又能降低费用，这就是综合判断。实践证明，各类斜坡都有其自身形成、发展和消亡的演化过程与规律，演化过程中会表现出阶段性差异，不同发展阶段展露出的特征往往会有所变化和区别。这些特征可作为判别斜坡是否已发生变形和变形所处发展阶段的地质依据。通过对斜坡阶段进行分析，预测滑坡所处阶段，可以及时进行滑坡预测预报。

滑坡预测方法和预报判据要根据滑坡类型、形成机理、影响因素、变形特征合理选取，并将变形速度、加速度和变形曲线特征与位移矢量角显著变化及临滑宏观前兆等判据综合起来运用。

◎滑坡时间预报判据

确定了预测方法之后，如果没有正确的预报判据也无法进行准确的预报。针对不同预测方法、不同预测目标及不同滑坡特征，目前提出的预报判据多达十几种，其中代表性预报判据有宏观前兆预报判据、稳定系数预报判据、变形速率预报判据、蠕变曲线切线角判据等。

宏观前兆预报判据　它是一种临滑预报判据。大量滑坡事实表明，滑坡变形破坏前表现出多种宏观前兆，如滑坡后缘、前缘频繁崩塌，地表出现裂缝，地下水位发生突然变化，地热、地声异常，动物表现失常等。由于这些现象在临滑前表现较为直观，易于被人们发现，因此，用于临滑预测预报十分有效。

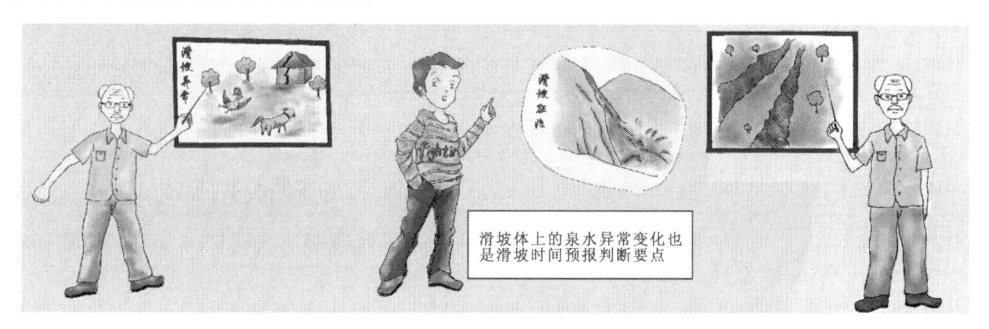

宏观前兆预报

稳定系数预报判据　它是一种长期预报判据。一般通过极限平衡法计算滑坡稳定系数，认为稳定系数判据为 1 比较合适。

变形速率预报判据　它是一种临滑预报判据。滑坡是指滑坡体上的土体以一定的速度沿某滑移面向下移动。把变形速率的大小作为滑坡是否发生或何时发生的依据较为直观。可以根据滑坡变形监测数据绘制位移-时间曲线图或位移速率-时间图，当位移-时间曲线突然变陡或位移速率突然增大时，预测滑坡可能要发生了。

蠕变曲线切线角判据　它是一种短期预报判据或临滑预报判据。滑坡在位移过程中不可避免地要发生挤压、剪切、拉张等变形，因此，在分析滑坡位移监测曲线时会发现，滑坡发生前，一般会出现由位移速率加快导致的曲线快速上升。可以根据绘制的位移-时间蠕变曲线图或以预测模型生成的蠕变曲线图预测滑坡发生的时间。当位移-时间蠕变曲线上某一点的切线与横坐标的夹角趋近于 90 度时，所对应的时间即为滑坡发生的时间。

蠕变曲线

◎滑坡灾害发生前兆

滑坡发生前，一般都会出现各种异常现象，如滑体上出现裂缝、鼓胀或局部塌方，滑坡之上的房屋出现裂缝，池塘漏水，泉水变浑，有的动物表现出异常行为等。主要征兆概括为：地裂房裂地生包，无故池干浑水冒，偶尔地下传声响，鸡飞狗跳鱼儿跃。

滑坡及建筑物变形

异常变形是滑坡滑动的直接前兆。滑坡变形是一个长期缓慢的蠕动变形过程，一般会经历初始变形、等速蠕滑变形和加速变形几个阶段，当变形达到加速阶段时，随着变形速率的急剧增大，滑坡体表面会出现各种宏观变形现象。

房屋变形

滑坡变形

一般在滑坡发生前数天或数小时会伴随间断的小规模崩滑、滚石、坠石，如盐池河岩崩、易贡滑坡等；有的滑坡发生前在坡体后缘会出现裂缝加速张开、闭合、陷落，前缘隆起、鼓胀等现象，如新滩滑坡。

环境征兆

由人类工程活动形成的边坡，遇到连续暴雨或大地震等非常态状况时，可能促成灾变。幸好，在滑坡发生前，周围环境都会有一些变形现象，主要表现为：

坐落于山谷边缘或大填土崖边的房屋，其最大的特色为房屋基础附近通常设置有高陡的挡土墙。若挡土墙向外凸起，并出现裂缝，则说明滑坡发生变形。

当坡面出现成组且同方向的裂缝、局部陷落，或路面出现方向一致的长裂缝、陷落时，滑坡可能发生变形，或者地面下已发生掏空现象。若这些是由于温度变化产生的干裂现象，则可以放心。

池塘或水田突然下降、干涸

滑坡体上的池塘或水田出现水位突然下降、干涸现象也是滑坡发生的间接前兆。滑坡发生时会产生较大变形，坡体会产生大量裂缝，有时裂缝很小或者被植物等其他东西掩盖而难以发现，但水可以沿裂缝流动而渗漏，从而使池塘和农田发生水位下降、干涸，出现此异常现象就预示着可能要发生滑坡了。

池塘干涸

异常井水、泉水

异常井水或泉水属于间接前兆。在大崩滑的数天或几小时前，滑坡滑动会使滑体发生急剧挤（推）压，地下水像拧毛巾一样沿挤压裂缝溢出，形成新泉或泉流量剧增、变浑，或水温上升变为温泉，或喷射出地表数米，形成高压射流、泥或气（浪）流等变异现象，这种情况反映出大崩滑已趋逼近（水质、水色、水温、水压）。例如：

1980 年湖北恩施杨家山滑坡滑前 1 天，滑体中部碗口粗的浑水上涌，12 小时后消失；

1980 年四川资中枣树滑坡，滑前 3 天地面隆起开裂，冒出浑水；

1982 年利川石坪寨滑坡，滑前 3 天，滑体中部冒出脸盆粗两股含泥浑泉；

1982 年巴东罗圈岩崩滑坡，滑前 12 小时在前缘多处冒浑水；

1981 年万州市旺仓县王家沟滑坡前，地面溢出红泥浆水，涌出浑泉，湿地遍布；

1982 年云阳滑坡前 1 天，前缘滑舌出现小股自喷浑泉，水头喷射射程达 2～3 米，次日上午暴发了巨型滑坡；

1981 年陕西宁强石家坡滑坡，滑前前缘出现了高压射流、泥或气（流）喷发，几小时后即发生了高速滑坡；

1983 年湖北秭归新滩滑坡，滑坡前缘斜坡柳林—湖北省西陵峡岩崩调查工作处招待所一线泉水变浑，水量增大，湿地面积突然增大，滑体上段姜家坡望人角一带（高程 520 米）70 万立方米土石下滑前 5 分钟左右，斜坡突然喷射超前高压泥沙水流（或气流）三丈[①]余高；

2000 年西藏易贡滑坡发生前几日，见扎隆沟内水流变黑，并散发出一股难闻的味道。

异常井水

异常动物行为

异常动物行为属于间接前兆。滑坡发生之前因缓慢滑动而产生声响，由于动物对声音感应远比人类敏感，即便难以被人类察觉的微小声音，有些动物也能感知，因此，会表现出各种异常行为。例如：

1980 年四川资中枣树滑坡前夕，家蜂飞逃，雀鸟叨幼仔强行飞逃；

1981 年四川广元大石镇滑坡前，大、小猴儿下山抢吃山粮，糟蹋庄稼，鼠、蛇爬树；

1981 年中江县滑坡前，老鼠结队上山偷吃苞谷，2～3 天将 3～4 亩玉米一扫而光，且白天集体爬居于树上，也出现了老鼠上树，猪、牛逃出圈外，直跑山顶的异常现象；

1981 年广元、三台、中江等地某些大滑坡前，狗不安宁，表现出凄惨景象，如旺仓前峰地区滑坡前，狗对着滑坡体，奔跑不息，狂吠不止，坐立不安，流泪、悲啼、哭叫不停，又如同县王家沟滑坡前，家狗外逃他乡，滑后回家，并守着人们挖掘主人死尸；

1982 年云阳滑坡前，家狗哭叫，只喝水不吃食，悲伤得死去活来，2 天后即发生了大滑坡；

① 1 丈≈3.33 米。

1980年四川青神县白菜崩滑体崩滑前，正在耕田的牛，骤然惊慌乱跑，不听主人呼叫，之后约15分钟暴发了一场大滑大崩灾害；

1981年旺仓许多崩滑体发生之前，猪、牛大声惨叫或逃出圈外，次日即发生崩塌、滑坡；

2003年5月11日贵州平溪特大桥滑坡发生前半小时内听见狗狂吠；

2003年7月14日三峡库区千将坪滑坡发生前数天内，青干河滑坡部位突然鱼群聚集，致使周围渔民纷纷聚集于此打鱼。

异常动物行为

异常地声

异常地声也属于直接前兆。当滑坡缓慢蠕滑，变形积累到一定程度时，滑动面会逐渐贯通并整体发生滑动，滑体在整体滑动过程中沿滑动面会错断岩体，从地下发出岩体错断声；当滑体沿滑动面高速滑动时，滑体与滑床之间产生强烈的滑动摩擦作用，常常从地下发出闷雷声、隆鸣声等。例如：

1982年8月17日四川云阳天宝山滑坡，临滑前夕，听到明晰的闷雷声响；

1981年攀钢石灰石矿滑坡，滑前听到岩体位移的错断声；

1980年四川越西铁西滑坡，滑前起动均听到闷雷式隆隆声；

1980年盐池河磷矿崩塌前也听到隆隆炮响声。

滑坡预测预报的典型实例

滑坡预报是建立在预测科学和滑坡学的基本理论基础上的。预测科学把事物的过去、现在和将来看成一个连续的、不断发展变化的辩证统一体。从客观事物的过去和现在的已知信息中，分析和研究预测规律，从而利用预测规律进行科学预测。

滑坡从发现征兆到真正滑下来，有的几个小时，有的几天，有的一年甚至几年，或者永远不滑下来。要对滑坡进行较为准确的时间预报，需要建立地面、地下专业监测网，并实施长期监测，需要建立准确的地质模型、预报模型和预报判据。即使这样，要准确对滑坡时间进行预报仍然是十分困难的事情。半个多世纪以来，全世界范围内准确预报滑坡时间的实例寥寥无几。

滑坡预测预报不准确的结果往往有两种。第一种是预报灾难会发生，可是预报发布后滑坡长时间不下滑，易引发社会慌张，造成一定的不良影响。例如，瑞士阿尔卑斯山因纳特基兴附近一处不稳定岩质斜坡，经长期监测表明变形出现明显加速，且累计变形量达 1.5 米以上，于是当地研究人员发出了 2001 年 6 月 10 日该岩质斜坡将开始整体滑动的临滑预报。当地人民政府随即封闭了滑坡下方通往格里姆瑟尔山口的唯一高速公路。然而，在高速公路封闭期间，滑坡并未发生。为了尽快消除这一威胁高速公路安全的滑坡隐患，当地人民政府和研究人员决定促使斜坡尽快滑落，于是从斜坡后缘拉裂缝向斜坡内以 9000 升/分钟的速率灌入附近河水，灌水行动持续了 18 天，斜坡变形虽有加速，但滑坡并未发生。最后，不得不采用 19 吨炸药爆破诱发滑坡，爆破后不稳定斜坡仅一半岩体滑落。为了彻底消除遗留的滑坡隐患，2002 年 8 月当地人民政府对其进行了第二次爆破。第二种是预报灾害不会发生，可是预报发布后灾害却发生了，这种结果是灾难性的。例如，1963 年意大利瓦依昂滑坡在监测过程中突然下滑，造成 2 600 人丧生。1980 年 6 月 3 日 5 时，湖北远安县盐池河磷矿发生了一百多万立方米的山崩，造成殷盐磷矿矿务局地面建筑全部被埋，遇难职工家属 284 人。

国内外对于滑坡时间预报也有不少成功实例，如下表所示。

滑坡名称	滑动时间	预报时间	误差时间
智利卡马塔滑坡	1969 年 2 月 18 日 6 时 58 分	1969 年 11 月 3 日	滞后 35 天滑坡
日本高场山滑坡	1970 年 1 月 22 日 1 时 24 分	1970 年 1 月 22 日 1 时 30 分	准确预报
湖北大冶铁矿象鼻山北帮滑坡	1979 年 7 月 11 日	1979 年 7 月 9 日	滞后 2 天左右滑坡
中国白银折腰山露天矿 4 号和 5 号滑坡	1983 年 7 月 9 日和 10 日	1983 年 7 月 5 日	滞后 4 天左右滑坡
中国长江新滩滑坡	1985 年 6 月 12 日 3 时 45 分	1985 年 6 月 12 日	准确预报
中国长江鸡鸣寺滑坡	1991 年 6 月 29 日 4 时 58 分	1991 年 6 月 29 日	准确预报
中国甘肃黄茨滑坡	1995 年 1 月 30 日 2 时 30 分	1991 年 1 月 31 日	提前 1 天滑坡
中国甘肃焦家村滑坡	1996 年 2 月 13 日 1 时 08 分	1996 年 2 月 12 日	滞后 1 天滑坡

新滩滑坡预报实例 1985 年 6 月 12 日 3 时 45 分，位于长江三峡中的湖北省秭归县新滩镇发生了一起约 3000 万立方米的堆积层大型滑坡，滑坡体以约 4 米/秒的速度高速下滑，下滑土石毁灭了具有千年历史的新滩古镇。约有 1/10 的土石滑入长江，激起涌浪高达 54 米，涉及上、下游江面约 42 000 米，形成高出江水面长约 93 米、宽约 250 米的碍滑舌，中断航运 12 天。

新滩滑坡滑前全貌

由于滑坡前坚持长期监测，捕捉住了滑坡前兆，预报准确及时，领导果断决策，各方紧密配合，协同作战，使滑坡区内457户、1371人在滑坡前夕安全撤离，无一人伤亡，正在险区上、下游航行的多艘客货轮及时避险免遭遇难，将这场不可抗拒的地质灾害的损失减小到最低程度（据初步估算减少直接经济损失8 700万元），其被誉为我国滑坡防灾预报研究史上的奇迹，为我国滑坡防灾预报研究积累了宝贵经验。

新滩滑坡滑后全貌

新滩滑坡中长期、临滑预报过程如下。

1980年4月18日，新滩镇鲤鱼山发生600立方米的崩塌，砸坏居民猪圈，危及新滩镇西18户81人安危，建议搬迁。

1980 年 7 月 24 日，鲤鱼山危岩崩塌隐患严重，建议新滩镇西尚未搬迁的 18 户 81 人撤离险区，以保安全。

1982 年 3 月 29 日，广家崖危岩崩塌 1.5 万立方米，建议山脚下 1#、2#煤巷停止采煤。

1982 年 7 月 3 日，广家崖崩塌，姜家坡前缘观测点 A_3、B_4 变化量大，建议广家崖停止采煤，姜家坡尚未搬迁有险住户撤离。

1983 年 3 月 27 日，姜家坡 85 万立方米危险体变形加剧，西端又出现 7 万立方米危险体，其上 A_3、B_4 测点月变速为 26～47 毫米，主滑方向顺高家岭直指长江，应予高度警惕，建议凡属以前确定的有险住户立即搬走。

1983 年 5 月 15 日，广家崖坡脚至姜家坡 1 300 万立方米崩塌堆积物呈现复活趋势，具整体滑移迹象，威胁新滩镇 414 户、1 604 人生命财产安全。建议调查危险体的条件、变形原因，监测其发展态势，采取审慎而果断的防护措施。

1984 年 4 月 20 日，新滩镇北广家崖至姜家坡 1 300 万立方米危险体变形迅速，已具整体滑移迹象，建议上级及早决策采取防灾措施，居民一定要在雨季到来之前搬走。

1984 年 10 月 28 日，新滩镇北姜家坡至广家崖堆积斜坡，高程为 500～900 米，体积为 1 300 万立方米，变形加剧，呈整体滑移迹象，运动方向为南偏西直指新滩镇。2～5 号简易测点变形为 10.3～3.25 米，F_1～F_8 位移观测点日变速 10.4～25.8 毫米，建议当地人民政府采取有效措施，将险区内尚未搬出的 1 018 人撤离。

1984 年 12 月 12 日，1 300 万立方米堆积变化加剧，已具备整体滑移的边界条件，主滑方向为南偏西，遇久雨、暴雨可能发生大规模滑移，滑体入江，应予高度重视，险区内至今未搬走的居民，必须立即撤出。

1985 年 5 月 9 日，距新滩镇北约 800 米、高程 500～900 米的姜家坡至广家崖地段，方量为 1 300 万立方米，近四个月变形加剧；前、后缘下挫 2 米。东西两侧裂缝扩展，公路多处下坐 2.5～3.5 米，A_3、B_3 测点月变速为 116 毫米，具整体滑移迹象，运动方向为南偏西，直指新滩镇。雨期将有可能产生整体滑移，应予高度警惕。目前险区内尚有 1018 人还没有搬出，建议当地人民政府按省府（83）第 42 号文件要求采取有效措施，以防患于未然。

1985 年 6 月 10 日，姜家坡至广家崖堆积斜坡 1 300 万立方米危险体近期急剧变形，A_3、B_3 测点月变速为 229.2～239.7 毫米，F_1～F_8 测点月变速为 264～627 毫米；6 月 1～4 日简易测点日变速为 530～1 290 毫米；6 月 9～10 日，姜家坡前、后缘下挫 600～1 500 毫米，前缘小规模崩滑日夜不断；10 日 4 时许，发生 70 万立方米土石崩滑，险情严重。建议采取强制措施，将险区内居民全部撤走，长航航行船只注意避险。

1985 年 6 月 10 日 16 时，新滩姜家坡至广家崖 1 300 万立方米危险体近期变形加剧，后缘大幅度下挫，东西两侧下陷拉裂，前缘崩滑日夜不断。A_3 点下临空地段，10 日 4 时沿高家岭西侧发生 70 万立方米崩滑，冲毁民房和橘林。地、县救灾组正组织险区人员搬迁，定 10～11 日两天搬毕，险情告急。

1985 年 6 月 10 日新滩姜家坡至广家崖险情告急。11 日滑坡体后缘下滑近 2 米，西侧下滑 1 米余。东侧裂缝扩大、下沉；两处错断公路，并向长江推移 2 米。上部北东、北西向裂缝密布，中部隆起。前缘崩滑不断，毛家院一带继续剪出。有整体滑移前兆，险情告急。

地质灾害预警

地质灾害预警是一种包括预测与警报的广义“预警”。按照预警的内容可分为空间预警、时间预警和强度预警三个方面，一次完整的预警应包括这三个物理量，从而确定向社会发布的方式、范围和应急反应对策。地质灾害预警在时间精度上包括预测或注意、警示、警戒、警报（数小时）四层次，按照灾害危害程度又分为Ⅰ、Ⅱ、Ⅲ、Ⅳ四个不同级别。每次预警都是政府机构、工程技术人员与公众社会共同参与的综合结果。

◎地质灾害预警层次划分

地质灾害预警层次的划分是根据预警的时间尺度、空间尺度、评价方法、采用的数据信息、评价指标而确定的，针对不同预警层次所采取的应对措施也不同，详见下表：

阶段	时间尺度	空间尺度	方法	数据	指标	措施
注意	1～10年	大区域	区域评价划分	地质调查数据库	发育度、风险度、危害度	建设规划预防
警示	1月～1年	小区域	一次过程划分	地质灾害数据库	临界区间值	局部转移或全部准备避难
警戒	数日	局部	精密仪器监测	分析模型库	警戒值	搬迁
警报	数小时	局部	精密仪器监测	灵敏度分析	警戒值	紧急搬迁

◎地质灾害预警级别划分

地质灾害预警级别是根据灾害的危险程度及危害大小而确定的，针对不同预警级别应对方案也不同，详见下表：

级别	含义	色标	说明
I	警报级，可能危害特别严重	红	组织公众应急响应
II	警戒级，可能危害严重	橙	建议公众采取预防措施
III	警示级，可能危害较重	黄	发布公众知晓
IV	注意级，可能危害一般	蓝	科技与管理人员掌握

以三峡库区为例，经过长期科学研究和工程经验积累，由三峡库区地质灾害防治工作指挥部牵头编制了“三峡库区滑坡灾害监测预警四级预警级别划分的综合判定标准”，该标准把滑坡变形曲线划分为初始变形、等速变形、加速变形初始、加速变形中期、加速变形突增（临滑）五个阶段，根据滑坡变形曲线所处阶段的不同及宏观变形特征对滑坡预警级别进行判定。具体内容如下：

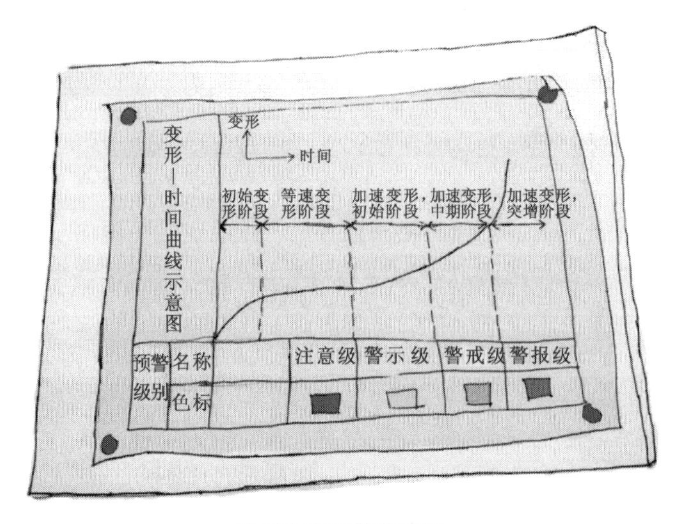

地质灾害预警曲线图

注意级 变形曲线处于等速变形阶段中后期，平均速率基本保持不变，变形曲线受外界因素影响可能会有所波动，总体趋势表现为微向上的倾斜直线。宏观地质现象表现为：地表裂缝逐渐增多、长度逐渐增大，并逐渐向前扩展，后缘开始出现下挫变形，形成多级下错台坎；侧翼剪张裂缝开始产生并逐渐从后缘向前缘扩展、延伸。裂缝主要分布于坡体中后部，后缘弧形拉裂缝已具雏形，侧缘的中后部出现剪张裂缝。

警示级 变形曲线处于加速变形初始阶段（初加速），变形速率开始增加，变形曲线逐渐呈现增长趋势，曲线开始上弯。宏观地质现象表现为：后缘弧形拉张裂缝趋于连接，深度持续增加；两侧裂缝逐渐向坡体中前部扩展延伸；前缘开始出现隆起，产生鼓胀裂缝，如果前缘临空，还可见剪切错动面（剪出口）。

警戒级 变形曲线处于加速变形中期阶段（中加速），变形速率持续增长，变形曲线持续稳定地增长，曲线明显上弯，宏观上表现为整体滑动迹象；后缘弧形拉张裂缝、两侧裂缝相互贯通连接，后缘弧形张裂缝明显加快、加深；前缘隆起鼓胀明显，出现纵向放射状张裂缝和横向鼓胀裂缝。滑坡边界裂缝体系基本相互贯通，滑坡圈闭边界已形成。

警报级 变形曲线处于加速变形突增阶段，变形速率持续快速增长，变形曲线骤然快速增长，且有不断加剧的趋势，变形曲线趋于陡立，同时伴随的宏观现象有：小崩、小塌不断；坡体两侧及后缘裂缝贯通，同时底滑面完全形成；如果斜坡整体滑移受阻，滑坡前可能会出现后缘裂缝逐渐闭合、前缘外鼓等现象。

◎地质灾害监测预警系统

2003 年由三峡库区地质灾害防治工作指挥部牵头构建了三峡库区地质灾害监测预警体系，后期我国各地地质灾害监测预警体系都采用了这种架构。三峡库区地质灾害监测预警体系采取群专结合的方式，以群测群防监测为基础，对地质灾害全面监测预警；以专业监测预警为重点，对重要的地段、危害严重的滑坡实施重点监测预警；以信息系统为决策支持的中心、存储和管理及数据分析处理等，及时预警预报险情，为政府及有关部门提供三峡库区内已经发生的地质灾害和将要发生的地质灾害动态信息，为政府防灾减灾决策及时提供科学依据和技术支持。构成对地质灾害实施全面监测预警的一个多方位、多层面的综合性防灾监测预警体系。

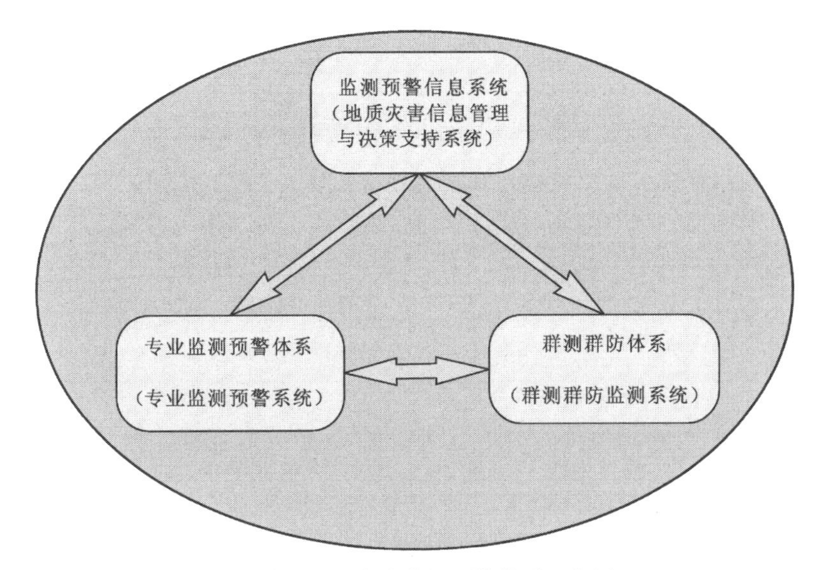

三峡库区地质灾害监测预警体系示意图

监测预警信息系统是采用先进技术数据库系统（database system，DBS）、地理信息系统（geographic information system，GIS）、计算机辅助诊断系统（computer aided design software，CADS）、专家系统（expert system，ES）等手段，采取安全等级保护措施，通过多种网络及通信方式传递专业监测、群测群防和预警指挥的信息，以分布式数据采集（地理、环境地质、灾害调查、监测预警、工程治理等），集中存储、处理、管理及应用地质灾害防治信息数据，形成监测、管理、预警分析等上下一体化的信息网络平台。为能及时发现险情、迅速鉴定险情、高效有序地应对和处置险情提供预警指挥条件，支持中央、省市、区县政府及主管部门进行地质灾害防治分析决策、防灾、救灾及应急指挥。

专业监测预警体系是使用专业监测队伍，采用卫星定位（global navigation satellite system，GNSS）监测、RS 监测、综合立体（地表和深部位移、深部推力、地下水）监测、宏观地质调查等技术手段，对库区重大崩滑体和重点库岸实施专业化监测，及时分析和预测地质灾害发生的危险性及危害性，进行及时预警预报的专业化监测预警体系。

群测群防体系是由区县级及其以下各级地方人民政府组建，由各级人民政府有关职能部门、区县级地质环境监测站和驻地群众组成的，以及时、全面获取灾害信息为主要目的和以实施巡查与灾害避让为主要措施的地质灾害监测与防灾体系。群测群防体系的建设与运行，是政府对地质灾害行使防灾、减灾、抗灾、救灾职能的具体体现与落实，是以政府为主体的动员组织广大群众参与的政府行为之一。重庆市和湖北省地质灾害防治群测群防工作，省、市国土资源主管部门负责管理，由区县人民政府负责，具体工作由区县国土资源主管部门组织实施，在区县分为区县、乡镇、村组三级。省市地质灾害防治群测群防工作技术上依托省市国土资源主管部门直属的地质灾害防治事业单位。

◎地质灾害预警预报发布程序

地质灾害预警预报是指国土、气象等相关部门基于地质灾害发生和变化规律，结合地质背景和降水发展趋势等因素，建立预测模型，并通过会商、研判，做出发生地质灾害的可能性分级预测，联合向社会公众发布地质灾害气象风险等级预报，并要求采取相应防范应急措施。

地质灾害气象风险等级划分 按照地质灾害发生的发展阶段、紧急程度、不稳定发展趋势和可能造成的危害程度，地质灾害预警级别分为Ⅰ级、Ⅱ级、Ⅲ级、Ⅳ级，分别对应地质灾害风险极高、风险高、风险较高和风险一般，依次用红色、橙色、黄色、蓝色标示，Ⅰ级为最高级别。

红色预警（警报级）：地质灾害发生的可能性很大，各种前兆特征显著，在数小时或数天内大规模发生的概率很大。

橙色预警（警戒级）：地质灾害发生的可能性大，有一定的宏观前兆特征，在几天内或数周内大规模发生的概率大。

黄色预警（警示级）：地质灾害发生的可能性较大，有明显的变形特征，在数周内或数月内大规模发生的概率较大。

蓝色预警（注意级）：地质灾害发生的可能性小，有一定的变形特征，一年内发生地质灾害的可能性不大。

对不同级别险情、灾情地质灾害进行预警，首先要表示其险情或灾情级别，其次为预警分级。具体表示如特大型地质灾害红色预警、大型地质灾害橙色预警等。

发布对象 地质灾害气象风险等级预报为四级时，只对各级地质灾害防治工作人员发布。地质灾害气象风险等级预报达三级及以上时，除向社会发布外，还应通过手机短信向以下特定对象发送：各级人民政府和有关部门主要领导和分管领导；各级国土资源部门防灾工作人员；地质灾害点（乡镇和行政村）防灾责任人和监测人员。

发布方式 地质灾害气象风险等级预报为四级时采用手机短信发布；等级预报达三级及以上时，通过广播、电视（天气预报栏目）、网络、手机短信等多形式发布发送。

临灾处置有预案
应急救援有章法

人们不能完全避开地质灾害带来的影响，但是可以将其损失降至最低，那么这是如何实现的呢？首先，要坚持的原则有，预防为主，避让与治理相结合，全面规划，突出重点；然后，国家有关部门要组织编制防灾预案，做好防灾预案的宣传，要确保地质灾害危险点、隐患点周边群众能知晓地质灾害的基本信息，了解地质灾害防治内容；最后，人民群众要掌握临灾处置的有效方法，一旦灾害发生，能及时有序地开展应急自救，做好应急抢险，这样就能最大限度降低地质灾害造成的人员伤亡和经济损失。

地质灾害防灾预案

自然资源部要求各级人民政府负责地质灾害防治管理的部门会同本级地质灾害应急防治指挥部成员单位，依据地质灾害防治规划，每年汛期前必须编制汛期地质灾害防灾预案，报同级人民政府批准并公布实施。这是最大限度降低人员伤亡，减少经济损失的有效措施。地质灾害防灾预案具体有以下四项要求。

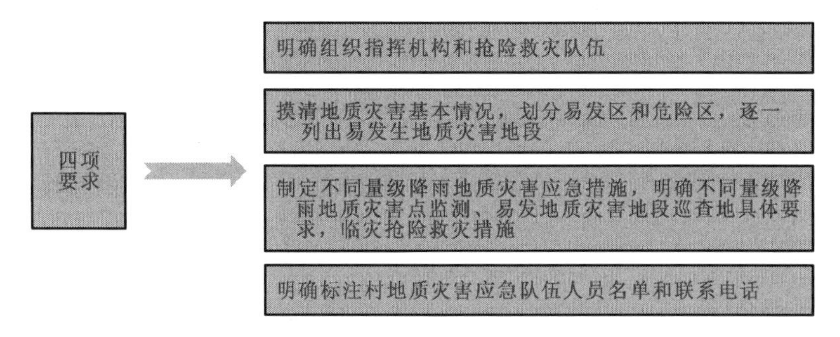

◎国家突发地质灾害应急预案要求

因为我国地质灾害发生十分频繁，而地质灾害应急预案又是防灾减灾的有效措施，所以国家高度重视应急预案的编制工作，根据《地质灾害防治条例》，应急预案的编制分为国家级、省级、市级、县级四个级别，由国务院国土资源主管部门会同国务院建设、水利、铁路、交通等部门拟定全国突发性地质灾害应急预案，报国务院批准通过，颁布了《国家突发地质灾害应急预案》（简称《预案》）。突发性地质灾害应急预案主要包括六方面的内容。

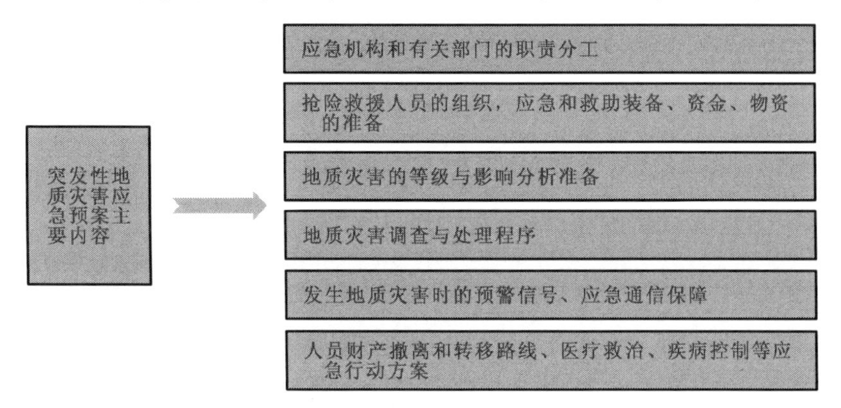

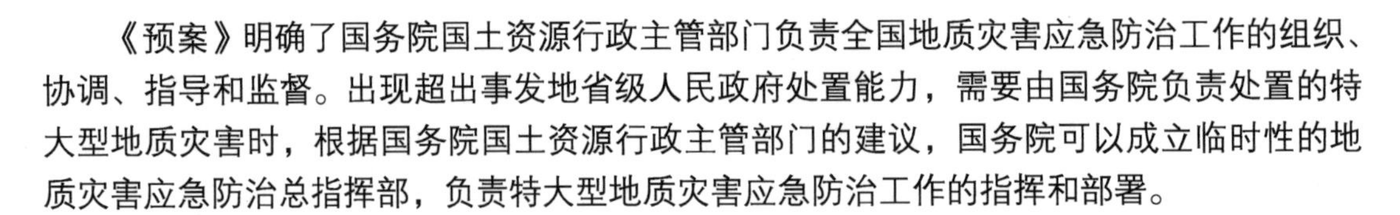

《预案》明确了国务院国土资源行政主管部门负责全国地质灾害应急防治工作的组织、协调、指导和监督。出现超出事发地省级人民政府处置能力，需要由国务院负责处置的特大型地质灾害时，根据国务院国土资源行政主管部门的建议，国务院可以成立临时性的地质灾害应急防治总指挥部，负责特大型地质灾害应急防治工作的指挥和部署。

◎省（自治区、直辖市）级防灾预案要求

主要对省（自治区、直辖市）内重要城市、重点矿山、重要交通干线等灾害做出初步评价预测，对其防治提出原则建议；对影响特别大、可能造成重大人员伤亡和严重财产损失的隐患点，尽可能提出较为具体的预报意见，提出可行的防灾、减灾措施建议；做出汛期突发灾害隐患巡回检查计划。发生特大型或大型地质灾害时，有关省（自治区、直辖市）人民政府应当成立地质灾害抢险救灾指挥机构，负责特大型或大型地质灾害应急防治工作的指挥和部署。

◎市（地）、县级防灾预案要求

主要应参照省（自治区、直辖市）级防灾预案对本地区地质灾害的趋势预报和防灾要求，圈定重点防范区段；对重要灾害隐患点，做出中长期预报，对其可能造成的危害进行预测。逐点落实包括监测、报警、疏散、应急抢险等内容的预防措施，防灾责任要落实到具体的乡镇、单位，签订责任书。明确具体负责人；做出群测群防人员培训计划和重要隐患点巡回检查计划。发生其他地质灾害或出现地质灾害险情时，有关市、县级人民政府可以根据地质灾害抢险救灾工作需要，成立地质灾害抢险救灾指挥机构，负责地质灾害应急防治工作的指挥和部署。

◎确定地质灾害险情和灾情等级

地质灾害险情指地质灾害隐患点出现了灾害发生前兆现象（如崩塌体前缘不断发生掉块，滑坡体裂缝迅速增大，地面出现塌陷等），受灾害威胁，需搬迁转移群众，根据其可能产生的损失可分为四个等级。地质灾害灾情指灾害发生后，直接造成了经济损失和人员伤亡，根据其规模大小也分为四个等级。

分级	险情		灾情	
	需搬迁人数	可能经济损失	死亡人数	直接经济损失
特大型（Ⅰ级）	≥1 000	≥1 亿	≥30	≥1000 万
大型（Ⅱ级）	500～1 000	5 000 万～1 亿	10～30	500 万～1 000 万
中型（Ⅲ级）	100～500	500 万～5 000 万	3～10	100 万～500 万
小型（Ⅳ级）	<100	<500 万	<3	<100 万

做好地质灾害应急防范宣传工作

为了使群众了解地质灾害的威胁，掌握临灾处理方法，我们必须要做好地质灾害应急防范宣传工作，主要包括地质灾害应急预案宣传及地质灾害应急防范“明白卡”的张贴发放。

◎开展地质灾害应急预案宣传

预案编制完成后，要积极地向群众宣传，做到确保人民群众能知晓地质灾害危险点、隐患点的基本信息，了解地质灾害防治内容。可以通过哪些方式进行宣传呢？各级人民政府可以通过发放宣传卡片资料、广播宣传、张榜公布地质灾害防治基本知识等形式，增强人民群众地质灾害自我保护意识，提高自救能力，在灾害来临时能够主动参与和积极配合地质灾害防治工作，确保抢险救灾工作有序展开，为应急抢险救灾赢得宝贵的时间，从而将地质灾害造成的损失降至最低。

地质灾害群测群防宣传栏

◎地质灾害应急防范“明白卡”

由政府部门将已圈定的地质灾害危险点、隐患点的相关信息编制于简易的卡片上，我们将这种卡片统称为“明白卡”，卡片上需要填写的内容有地质灾害的基本信息、诱发因素、危害影响范围、预警和撤离方式及政府责任人和联系方式等。

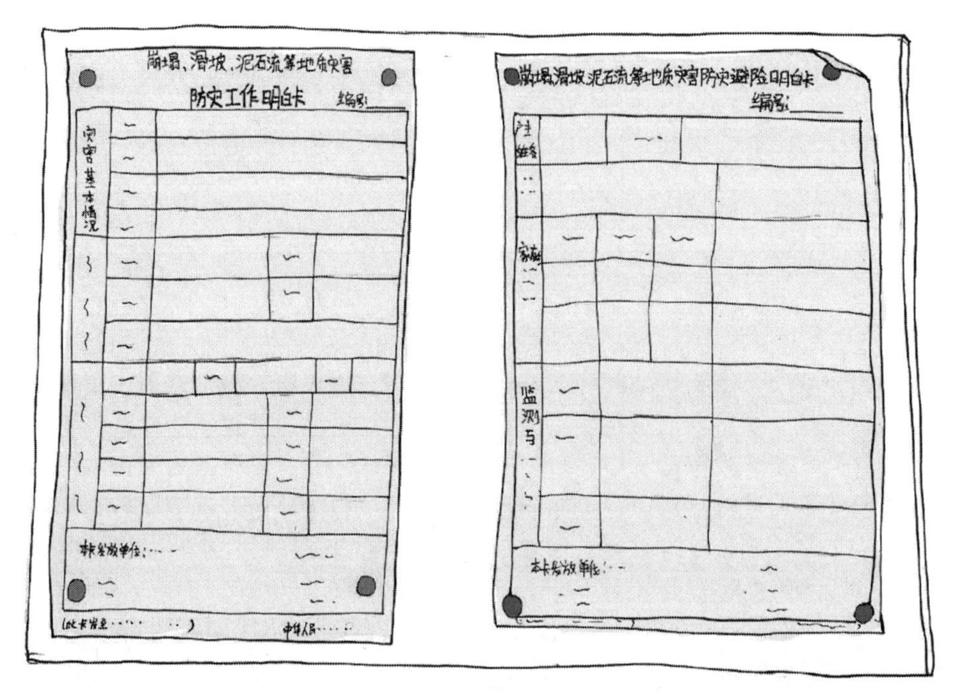

“明白卡”示意图

由经过专门培训的政府工作人员或专业技术人员负责向受灾害隐患点威胁的村民解释具体地质灾害防治内容，使这些灾害点处的村民能清楚地质灾害的威胁及临灾的处理方法。

开展临灾处置

地质灾害发生之前，做好临灾处置可以将地质灾害带来的损失降到最低，但临时避灾不仅需要采取科学的措施，更需要做到有备无患，即从巡逻人员发现灾害前兆时，就需要做好防范措施和撤离的准备。

保证灾害来临时各项工作有序开展

为了保证灾害发生时各项工作能有序进行，还必须落实以下工作。

落实责任　根据地质灾害防灾预案，事先落实并公布总负责人及各项具体工作的负责人，这样地质灾害发生时有主心骨，可以避免由群众慌乱带来的严重后果。

广泛宣传　可以通过有线广播、集中学习等办法，对拟订的避灾措施进行广泛宣传，做到家喻户晓。

实战演习　为了群众生命财产安全，可以通过定期组织模拟演习来检验避灾措施的实用性，发现问题及时修订。

组织开展村民大会宣传工作

◎做好必要的物资储备

为了降低灾害来临时所造成的损失，我们在地质灾害隐患点可以做的准备工作有很多。首先，需要提前备好通信器材、雨具和常用药品等；然后，在发现灾害前兆时，群众的财产和生活用品可以提前转移到避灾场所，这样能及时降低损失，也能方便群众生活；最后，条件允许下，可以在避灾场地搭建临时住所，如活动板房、大型帐篷等。

物资储备

◎发布灾害警报信号

地质灾害隐患点应有专人进行灾害巡查监测，一旦发生险情，预警员要及时报警，发出警报信号，通知村民迅速转移。事先约定好撤离信号（如广播、敲锣、击鼓、吹号等），同时还要规定信号管制办法，规定的信号必须是唯一的，不能乱用，以免误发导致群众慌乱。

灾害报警

◎选定撤离路线

地质灾害发生后，合理的撤离路线可以有效避免人员伤亡，如何选定合理的撤离路线呢？应在地质灾害发生前，由专业人士通过实地踏勘确定好转移路线，做好相应路标，并由村主任组织通知村民，具体到个人。

撤离路线

◎选定临时避灾场地

错误选择避灾场地可能会导致进一步的损失，所以我们选择临时避灾场地时，应当依照“安全第一”的原则，根据受灾范围的人数在危险区之外设置一处或多处。该场地不能选在滑坡的滑动方向、泥石流山沟沟口或陡坡下，距离山坡坡脚要有一定的距离，选在地势开阔的平地上，距原居住地越近越好，交通和用电、用水越方便越好。

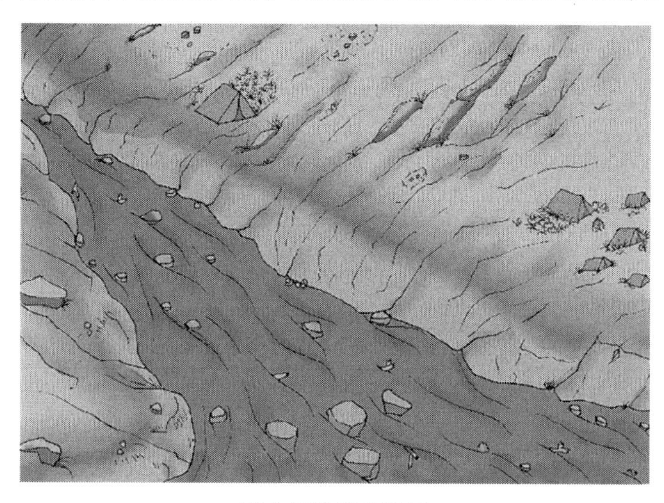

避灾场地错误设置

错误选择避灾场地实例　2004 年 9 月 5 日，四川省达州市宣汉县天台乡突发总体积为 1 000 多万立方米的大型慢速滑坡，滑坡险情发生时，群众转移避灾并将家具搬到位于滑坡滑动方向的公路上，后来家具顺滑坡移动滚进河里，造成了较大的财产损失。

◎进行灾情报告

灾情发生后，应第一时间通过手机、电话等通信手段向政府部门报告，这样政府部门可及早派出救援队伍，启动防灾预案，最大程度降低人民群众的生命财产损失。偏远山区发生地质灾害，如果由于道路、通信线路毁坏而无法及时将险情传达给外界时，应以最快的速度派人将灾情传达给政府部门，以便尽快开展救援。对于可能引发涌浪及其他灾害的滑坡，责任人还要及时通知海事部门发出涌浪预警，并约定好预警信号的传播方式。

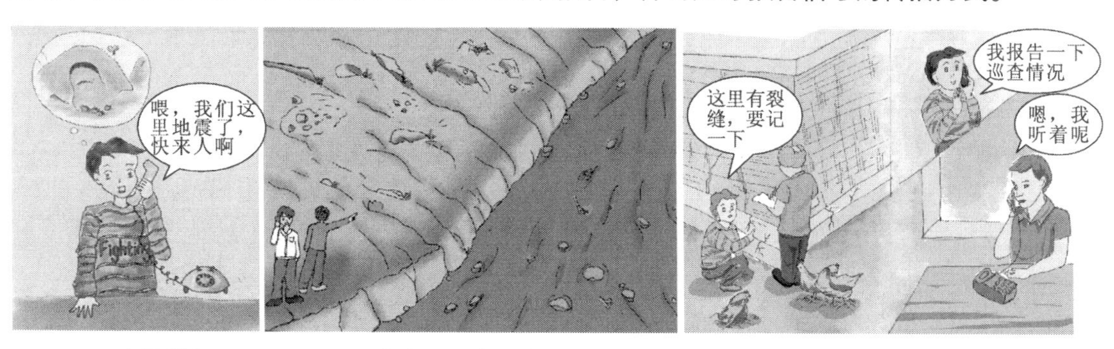

灾情报告　　发生泥石流及时上报　　房屋变形及时上报

◎身在灾害区范围内如何逃生

崩塌发生时如何逃生

崩塌发生时，即使在危险区外也一定要绕行；如果处于崩塌体下方，应选择向两侧方向逃离危险区，而不要选择顺着滚石的运动方向逃跑，尽量利用身上或附近的物品保护头部，如果有震感，也应立即向两侧稳定地区逃离。

崩塌逃生

滑坡发生时如何逃生

滑坡发生时，如果身处滑坡范围外，不要慌张，尽可能将灾害发生的详细情况迅速报告相关政府部门和单位，做好自身的安全防护工作，不能只身前去抢险救灾。如果正处在滑坡的山体上，应向滑坡边界两侧之外撤离，绝不能沿滑坡滑动的方向逃生。

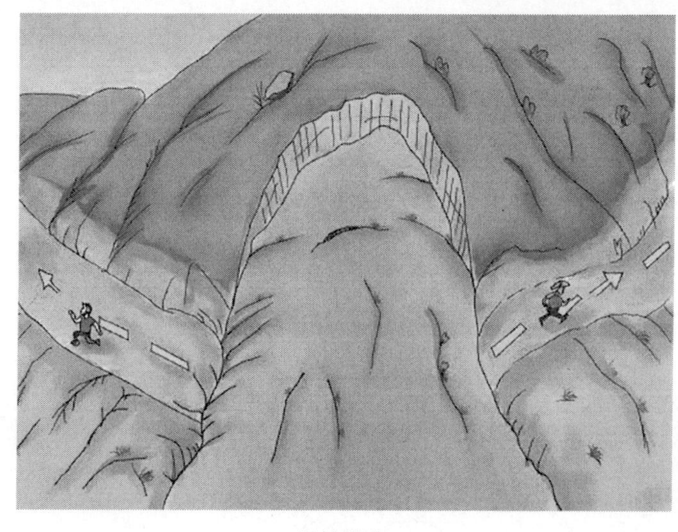

滑坡逃生

如果滑坡滑动速度很快，最好抱紧一棵大树不松手。绝对不能迎着滑坡滑动的方向跑，切忌慌张发呆站在原地，滑坡停止后切忌贸然返回抢救财物，因为滑坡的发生具有连续性，盲目回家，可能遇到第二次滑坡，危害生命安全。

滑坡快速自救

泥石流发生时如何逃生

当处于泥石流危害范围内时，切忌沿沟跑，应在沟外两侧向山坡上跑，远离沟道、河谷地带。需要注意的有，切忌在土质松软的斜坡停留，远离泥石流影响范围后，可以在地面稳固的地方观察，进一步选择远离泥石流的逃离路线。另外，在树上躲避泥石流是不理智的行为，因为泥石流的动能巨大，在流动时会剪断树木将其卷入其中，所以上树逃生不可取。由于泥石流有很强的掏刷能力及直进性，要避开可能被其冲毁的河道凹岸或高度不高的凸岸。

泥石流逃生

◎临灾处置典型错误案例

贵州省“8·27”福泉滑坡错误临灾处置实例 （引自中国国家应急广播网）。2014 年 8 月 27 日 20 时 30 分左右，贵州省黔南布依族苗族自治州福泉市发生了一起山体滑坡事件，导致两个村民小组房屋被掩埋，23 人遇难，22 人受伤。9 月 1 日，贵州省福泉市道坪镇“8·27”山体滑坡最后一名失联人员的遗体被找到，现场搜救工作结束。

就在滑坡发生前 4 小时，当地人民政府及相关部门已确认危险并拉响“警报”，却仍然付出惨痛代价。“准确预报”为何没能全部逃生？针对种种疑问，新华社记者在现场进行了详细调查。

“警报拉响”，沙石俱下，冲击 5 万立方米矿坑积水，殃及邻村。

8 月 27 日早上，地质灾害“监测员”英坪村小坝村民组原组长谭国庆发现寨子前的小坝大坡山上的裂缝突然增大，感觉情况不妙，他立即向中国贵州瓮福磷矿报告。企业接到报告后立刻请求支援，贵州省地质环境监测院都匀分院原院长陆治斌等专家 11 时许赶到现场展开观察和测量。

“我们爬到山顶测量，滑坡后缘错落带高度已由之前的 3.8 米扩大到 6.2 米，山上原来零星的裂缝已经沿线穿通，情况十分危急。”陆治斌说。他下山召开紧急会议研判险情后，立刻通知英坪村委会，马上组织位于小坡山体脚下的小坝组 38 户 157 名村民撤往安全地带。

接到通知，村委会和镇人民政府迅速组织群众撤离。“谭组长先是给每家每户打电话，有些人不愿意走，我们又挨家挨户去喊话，”小坝组原副组长徐孝立说。

“晚上快 8 点，我见到谭国庆，商量怎么让不愿走的群众快点撤，他突然想到政府发过一个警报器，就扭头回屋去取。”小坝村民曾树平说，可就在警报刚刚拉响时，巨大的滑坡就垮了下来，“我拼命往外跑，回头一望，身后的房子已被泥沙吞没，谭组长却没能跑出来。”小坝组大部分群众安全撤离，可 5 名群众却不幸丧生。

令人匪夷所思的是，巨大的滑坡冲击山下的矿坑积水，掀起巨大的水啸、气浪，冲上山坡另一侧的新湾组，18 名群众瞬间被巨大的水浪泥石流吞没。

分析造成此次灾害重大人员伤亡事故的原因如下：防灾预案宣传工作没有做好；预警信号没有统一；未事先规划撤离线路，灾害来临时撤离方向不对。

开展灾后应急自救

地质灾害发生后，及时采取正确的自救措施，耐心等待专业救灾队伍，禁止盲目进入灾害区内，随时注意天气情况，组织好灾害巡查，这样可有效降低人员伤亡和经济损失。

◎严禁立即搜寻财物

谨记，生命重于财产。地质灾害发生后，首先要保证人身安全。即使地质灾害暂时未发生明显活动，也禁止立即进入灾害区去挖掘和搜寻财物，避免灾害体进一步活动导致人员伤亡。经专家鉴定地质灾害险情、灾情已消除，或得到有效控制后，当地县级人民政府撤销划定的地质灾害危险区，才能返回灾害区搜寻财物。

滑坡发生后立即逃离

贪恋财物导致人员伤亡典型实例 （引自《参考消息》12 月 21 日）。2015 年 12 月 20 日，深圳光明新区红坳村附近的柳溪工业园 33 栋厂房及宿舍被山泥推倒或掩埋，网上一些片段可见，有楼房于 4 秒之内倒塌“消失”。由于事出突然，不少人亲眼看见亲友被埋；也有人死里逃生，连裤子都未穿上就冲出屋外，前后只有两分钟，泥浪已掩至门口。

其中死里逃生的周永潮，在红坳村厂房区经营淡水鱼批发生意 10 多年，事发时他在厂房 2 楼睡觉，突然听到一声“爆炸”巨响而吓醒，其父亲匆忙通知他要赶快逃生，他只拿起长裤，连裤子都未穿上就立即冲出屋外，前后只有两分钟。他与父亲成功逃生后，发现泥石流已掩至厂房门口，而当时他的妻子及子女均在外，也避过一劫。他向《明报》讲述逃生情况时犹有余悸：“如果当时拎钱包或者手机，或者迟两分钟，命随时就会没了。”

一名工业园的工人对《明报》表示，其住处附近的泥土并非瞬间倾泻，而是渐渐倾泻掩埋房屋，泥头开始松动摇晃时，他就跑了出来，但有些工友逃离后以为安全，又返回屋内拿财物，结果不幸全被掩埋。

◎迅速组织巡查

灾害发生后，应该迅速派遣专业人员对滑坡进行巡查、判定崩塌斜坡区和周围是否还存在滑坡隐患与危岩体，并应迅速划定危险区并封闭交通，在地质灾害危险区的边界设置明显警示标志，必要时设专人把守，禁止非相关人员进入，以确保安全。

危险区严禁通行

◎灾后密切关注天气情况

通过电视、广播、手机、计算机等渠道时刻关注天气情况，了解近期是否还会发生暴雨。如果将有暴雨发生，应该尽快建立防灾应急预案，增加对斜坡和沟谷的巡查与监测次数，若发现灾害前兆，应立即向村主任汇报并有效组织撤离。

密切关注天气

◎搜寻受伤和被困人员

撤离至安全地段后，要迅速清点人员，了解伤亡情况，对于伤者，可先采取初步施救，伤重者紧急送医治疗，对于失踪人员要尽快组织人员进行查找搜寻，但切记不可盲目进入可能继续崩滑的危险区域。

搜救伤员

应急自救成功典型实例 （引自《云南经济日报》2017 年 6 月 30 日）。2017 年 6 月 25 日 2 时许，云南省盐津县柿子镇三河村跃进社村道周边发生山体滑坡。灾害发生后，盐津县立即启动应急预案，县委、县人民政府主要领导第一时间率相关部门赶赴现场查勘，迅速疏散安置受灾群众，切断电力供应，实施交通管制，调集保障物资，组织开展抢险救灾工作。

柿子镇三河村跃进社村道周边山体滑坡图

目前，危险区域内 32 户 148 人已全部转移并妥善安置，无人员伤亡，救灾工作有序推进。

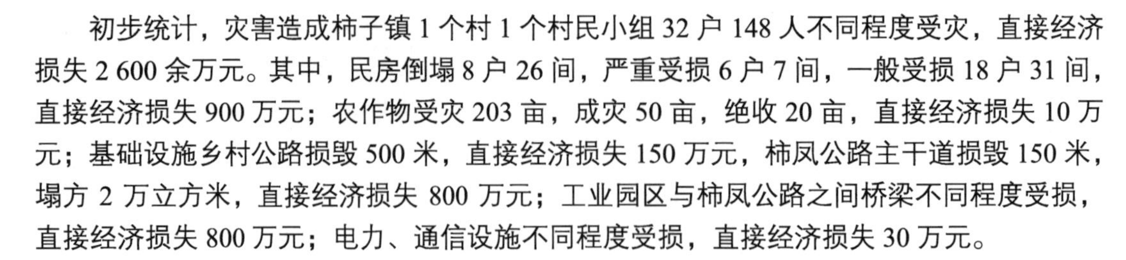

初步统计，灾害造成柿子镇1个村1个村民小组32户148人不同程度受灾，直接经济损失2 600余万元。其中，民房倒塌8户26间，严重受损6户7间，一般受损18户31间，直接经济损失900万元；农作物受灾203亩，成灾50亩，绝收20亩，直接经济损失10万元；基础设施乡村公路损毁500米，直接经济损失150万元，柿凤公路主干道损毁150米，塌方2万立方米，直接经济损失800万元；工业园区与柿凤公路之间桥梁不同程度受损，直接经济损失800万元；电力、通信设施不同程度受损，直接经济损失30万元。

严密监测知险情

“电杆倒了，电线冒着火花，到处都是石头滚落的声音。”71岁的李后贵当时是三河村跃进社的社长，也担任着冒水孔监测点的监测员职责。

25日当天，盐津县柿子镇一直在下雨。“如果不下雨我们一天去监测点看2到3次，但一到下雨天随时都会到监测点查看，注意裂缝的距离和下沉的深度。”李后贵说。

在当天已经查看了多次的情况下，李后贵18时左右到冒水孔监测点查看，发现监测点的裂缝有变化，同时监测点周围出现了细小的裂缝。但因裂缝距离不大，他接着返回家中吃饭。“吃饭的时候一直想着新出现的细小裂缝，所以一直觉得不太安心。”放下饭碗20时左右，他接着到冒水孔监测点查看，发现监测点的上方出现了一条20厘米的裂缝，并且监测点还出现了下沉的情况，他加紧查看了监测点周围出现的裂缝，发现这些裂缝都增宽了。

“看到裂缝都增宽了，我心里很慌。但培训的知识没忘记，演练的情形我也记着。我先给支书打电话汇报情况，接着打电话给住在河边的4户群众让他们赶紧撤离。”李后贵说，河边上的5户群众和偏坡上的8户群众最先进行了撤离。

时任柿子镇党委书记的欧国勋说：“当晚21时，收到监测人员报告冒水孔监测点有异常，地面裂缝增大并出现下沉情况。随后，我们都赶到了现场，组织群众撤离，晚上22点左右，所有群众全部撤离到安全地带。”

“当晚22点左右已经有石头一直在滚落，很担心有群众还躲在家里没有出来。我们又和村干部一起挨家挨户地敲门，确认所有群众都撤离到安全地带。”欧国勋说，24小时不间断的监测和及时的汇报，确保了群众的生命安全。

应急演练保平安

盐津县柿子镇三河村地质灾害隐患点2016年就已纳入盐津县地质灾害临时监测点，2017年入汛以来，国土部门联合柿子镇村两级加强了监测，实行24小时不间断专职人员监测和零报告制度。同时，在今年的4月27日在三河村地质灾害隐患点进行过一次应急演练。

灾害发生后，柿子镇镇村两级对滑坡区域再次进行全覆盖、无死角、无遗漏排查，确保滑坡地段及周边区域群众全部安全转移，并继续严密监控山体滑坡动向，严防死守，杜绝次生灾害。经排查，危险区域范围内群众已全部转移。县人民政府紧急安排了应急救灾资金50万元，由柿子镇、县民政局负责做好转移群众的临时生活安置，民政部门调集了大米5 000千克、菜油70桶、棉被200床，确保受灾群众有饭吃、有干净水喝、有临时住所；同时，积极动员受灾群众采取投亲靠友等多种方式进行过渡安置。

公安交警部门及时发布了路况信息，开展交通前置疏导，防止过往车辆、行人发生危险和交通堵塞；同时，及时向市公安交警部门汇报，请求联系周边县区，规划梳理交通分流线路，编制临时绕行方案，引导过往车辆、人员安全绕道通行。

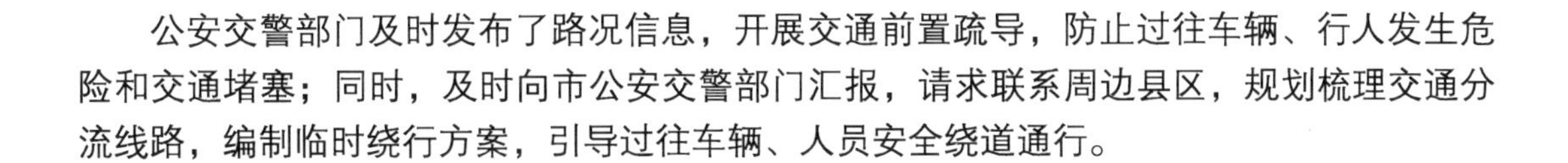

开展应急抢险

当滑坡等地质灾害发生后，灾害体可能会继续变形，此时做好应急抢险能有效避免滑坡的进一步发生。水是影响滑坡稳定的最重要因素，所以应封堵滑坡体上的裂缝并及时排水，以免后续降雨威胁滑坡稳定；对于体积不大的滑坡体，当产生滑坡迹象时，可以反压坡脚并在后缘实施减载，这样可以抑制滑坡的继续发展。

◎及时排水

当滑坡、崩塌体仍然具有持续变形或者存在滑动、崩落危险时，可以利用现场条件，挖沟排水，将雨水迅速引流至滑坡区外；或截水沟渠，把即将流入的地表雨水堵截在滑坡区外，从而避免雨水流入滑坡内部，加剧变形滑动。在不稳定的滑坡、崩塌体上修砌排水沟渠时，要尽量选择坚固的基础，其次还要采取夯实、铺填塑料布等防渗措施，有效避免地表水渗入滑坡体内，加剧其变形滑动。

挖沟排水

◎及时封堵裂缝

灾害发生后，滑坡上可能出现较多的裂缝，此时应及时对裂缝进行回填或封堵处理，防止雨水和滑坡地表水沿裂缝渗入滑坡中，进一步加剧滑坡变形。可以就近直接利用泥土回填，有条件的利用塑料布直接铺盖并采取加固保护措施，避免其被大风吹走，或者用混凝土预制盖板遮盖。

滑坡裂缝及时封堵

◎反压坡脚

山坡前缘出现明显的地面隆起和挤压现象是滑坡即将发生的前兆。应立即运输沙砾或大石块堆放在滑坡前缘，起到压脚的作用，抑制滑坡继续发展，为人民群众的撤离和财产转移赢得充分时间。

反压坡脚

◎在后缘实施减载

在前缘堆积砂石压脚后，如果滑坡仍存在持续变形的现象，则需要在滑坡后缘拆除危房，清除部分土石，从而减轻滑坡的下滑力，提高整体稳定性，为财产转移和滑坡的综合治理赢得时间。

滑坡后缘减载

三峡库区地质灾害应急处置成功典型实例

◎秭归县郭家坝镇柏堡滑坡成功预警的经验与启示

柏堡滑坡位于湖北省秭归县郭家坝镇王家岭村 1 组。

秭归县郭家坝镇柏堡滑坡卫星图

受连续强降雨影响，2017 年 10 月 3 日，三峡库区秭归县郭家坝镇王家岭村柏堡滑坡出现险情，滑坡体纵长约 100 米，横宽约 60 米，体积约 60 万立方米，对滑坡体上居民 6 户 24 人，房屋 6 栋，柑橘园 15 亩以上，以及 35 000 伏、10 000 伏输电铁塔和杆线产生直接威胁，柏堡滑坡属涉水滑坡，若滑体滑入童庄河，由此可能产生涌浪灾害，威胁涉及附近渔船、桐树湾大桥及邻水居民 300 人，危害区包括童庄河上游至库尾，下游至 8 000 米的河口。

10 月 3 日，一村民发现自家房屋出现裂缝，该村民第一时间想到平时宣传的地质滑坡知识，知道可能要发生滑坡了，于是立即上报险情，秭归县、镇、村三级快速反应，针对滑坡区内的 6 户 24 人实施了紧急搬迁，10 月 7 日，县人民政府决定启动四级应急响应，成立应急处置领导小组，组长由县长担任，副组长分别由副县长和人大常委会副主任担任，成员由县直相关单位 9 个部门组成，随即于 10 月 8 日开展应急监测。由于滑坡威胁到桐树湾大桥，为解决桥梁的安全问题，根据技术专家意见，对滑坡实施应急勘查。同时，多部门协同开展应急处置，由县交通部门负责对桥梁进行监测；公安部门负责道路及险区警戒，避免车辆、行人误入危险区；由于滑坡发生可能破坏电力设施，影响抢险救灾，电力公司负责输电线路的拆除和改线；海事局、农业局渔政站负责水上安全管控，设立船舶禁航区，水上高于 1.5 米涌浪范围禁止渔船作业，所有渔船驶离危险区，人员上岸，船舶锚固；民兵管控邻水居民，组织巡逻，撤离邻水居民，受涌浪威胁的居民，临时投亲靠友，不得在涌浪波及范围内生活。

村民房屋后承重柱断裂、外移特征

与此同时，为了解滑坡变形情况，防止险情变灾情，县国土资源局于 10 月 4 日、5 日进行了两次应急调查，10 月 6 日，县国土资源局组织专家调查。10 月 8 日，省国土资源厅派出技术专家，会同市人民政府、市国土资源局、市交通局、市国电公司、秭归县人民政府、县国土资源局等相关人员共同对斜坡现场进行了调查，并结合前期调查成果，提出了应急调查报告，将斜坡变形体圈定为一个中型岩质滑坡，规模为 60 万立方米，目前处于欠稳定状态，趋势为不稳定，且存在快速滑移的可能，若滑入童庄河，会引发涌浪次生灾害。10 月 11 日，省国土资源厅在组织专家进行三峡后续规划项目评审的间隙，第二次组织国内知名专家对柏堡滑坡进行调查分析，专家的建议为预防滑坡做出了很强的技术指导。10 月 16 日，根据省政府的安排部署，省国土资源厅组织专家组，在柏堡滑坡发生大面积剧烈滑移后，第一时间，第三次对滑坡现场进行了调查和检查，专家认为秭归县委县人民政府在应对柏堡滑坡变形和破坏的过程中，所采取的措施果断有力，防灾效果好，是一次成功预报地质灾害的典型案例，避免了人员伤亡和经济损失，值得在全省推广。

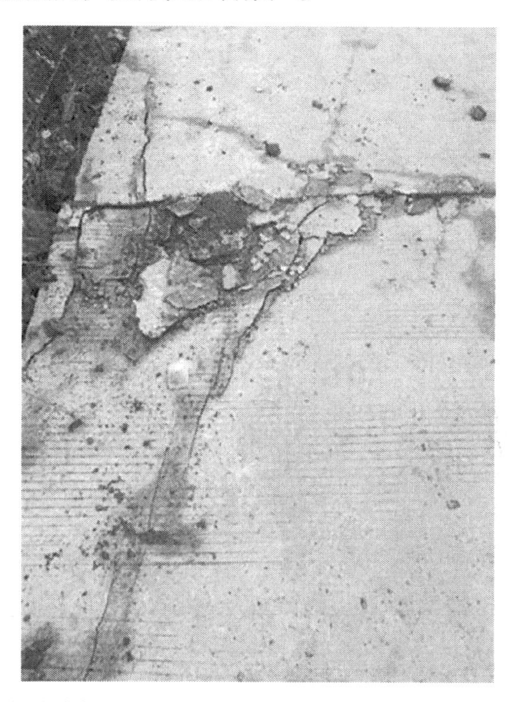

村民房屋周边地面裂缝图

总结其成功预警地质灾害的经验与启示主要有四点：

早发现，群测群防是基础。建立县级、乡镇（街道）、村组“三级”地质灾害群测群防体系及“四级”地质灾害防控网络。落实责任心强的监测责任人、群测群防员，并充分依靠和认真指导他们做好监测预警预报等工作。此次群众能及时发现滑坡前兆，地质灾害宣传培训工作发挥了巨大作用。

早报告，专业支撑是关键。接到滑坡险情报告后，县国土资源局马上组织了地质灾害应急调查，开展了监测工作，会同省国土资源厅及国内知名专家进行了三次现场调查，做出专业分析预报。了解滑坡变形情况，专业支撑是关键，第一，应急调查是掌握灾害体特征的唯一手段。第二，监测工作是掌握灾害体动态的唯一方法。第三，专业的分析预报是指导应急工作的有效途径。

早应对，信息通畅是保障。接到险情报告后，县人民政府启动了四级应急响应，成立应急处置领导小组，整个应急过程中，县直有 9 个部门参加应急工作。各个部门在应急工作中，视险情为命令，扛责任于肩上，闻风而动，争分夺秒，积极工作。在工作中，主动配合，共享信息，互通情报，建言献策，为圆满完成应急任务做出应有贡献。

早撤离，安全避让是核心。灾区群众听从命令，服从安排，滑坡体上居民 6 户 24 人紧急撤离，在短短 3 天之内，搬出了全部贵重物品，受涌浪威胁的居民，临时投亲靠友。指挥部仅用 4 个小时，统一使用机械拆除了受损房屋。水面作业的渔船，统一驶离危险水域。水上施工的工地，在与指挥保持联系、做好各项应急预案的基础上，限时施工。

◎开州区岳溪镇龙王村许家坪滑坡成功避险的经验与启示

许家坪滑坡位于重庆市开州区岳溪镇龙王村。

2014 年 8 月 10 日 20 时，岳溪镇龙王村开始下起了大暴雨。到 8 月 11 日早晨，大暴雨持续并有增大的趋势。该村老党员、民兵连长邱明建一早就开始了暴雨期间的例行巡查，他首先查看了自家房屋及房屋周边地面情况，发现屋前屋后及地面积满了水，雨水漫山冲刷公路及斜坡土地。

到早上 6 时 20 分左右，邱明建发现邻居汪时应家的房屋墙体、地坝出现开裂变形迹象，再巡查到自家鱼塘时，发现水位反倒下降了，他立即联想到区国土房管局印发的《地质灾害防治常识问答》宣传资料上列举出的滑坡发生前兆特征，迅速做出了可能发生山体滑坡的判断。邱明建随即将情况向村主任唐开兵做了报告。

村主任唐开兵接到报告后立即赶到现场与邱明建汇合，汇合后他们一边查看变形情况，一边挨家挨户通知附近群众注意防范，提高警惕，加强对自己房屋周边的巡查，疏通排水。

到中午 12 时左右，滑坡前部左侧变形突然加剧，居住在坡脚院子（龙王村 6 组）的徐中文、邱隆福、邱隆国三户的房屋变形十分严重，已出现了开裂倾斜。

唐开兵来不及多想，随即将相关情况向岳溪镇人民政府地质灾害防治分管领导做了电话报告，镇人民政府领导听到报告后，立即将情况报告给地环站，地环站根据描述的情况，要求镇人民政府立即组织人员撤离避让，同时，随即组织技术人员赶往现场。

许家坪滑坡滑动后全貌图

在镇人民政府和地环站技术人员赶往现场的同时，邱明建和唐开兵分头组织坡脚 23 户群众疏散到滑坡区外避险。

随着时间的推移，坡体中部贺家梁地面也出现了开裂变形迹象。干部又随着变形范围的加剧逐步将避让范围加大。

到 15 时左右，突然听到山上传来植被折断发出的异常响声，所有电线杆歪斜了，地面变形在加剧。情况紧急！村主任唐开兵和老党员、民兵连长邱明建等村干部又将新变形区域的群众撤离到安全地方，并逐户清场，确保滑坡影响区域内不留一个人。

到 19 时左右，滑坡开始全面滑动，造成 104 户 339 人房屋不同程度受损，其中 48 户 459 间房屋全部掩埋，直接经济损失约 1 200 万元。

由于在大滑坡开始滑动前，龙王村老党员、民兵连长邱明建和村主任唐开兵发现变形迹象预警及时，冒雨组织人员撤离迅速，成功避免了在家居住的 190 人的伤亡。

许家坪滑坡虽然是新生突发地质灾害，但能成功预警创造无一人员伤亡的奇迹是有其必然性的，关键在于：村社干部具备了较强的防灾意识和基本的识灾常识，掌握了地质灾害发生的前兆特征，巡查发现变形迹象后预警及时，组织受威胁的群众转移果断迅速，成功避免了人员伤亡。而基层干部防灾意识和识灾常识的提高，主要得益于以下几点：

一是加强了“四重网格人员”的全员培训。每年区人民政府均要组织召开全区地质灾害防治管理及业务知识培训会，40 个乡镇（街道）地质灾害防治分管领导、地质灾害管理员和监测员、区属部门负责人、驻守地质队员等“四重网格人员”全员参加，做到培训全覆盖，不漏一人。

二是加强了村（社区）干部的防灾知识培训。地环站多次到区委党校，对全区各村（社区）书记、主任、综治专干等村（社区）干部进行地质灾害防治知识培训，使地质灾害防治常识普及全区所有基层干部。

三是加强了基层群众防灾知识宣传。地环站印制了《地质灾害防治常识问答》宣传单，逐户发放到地质灾害隐患点的群众手中，提高了隐患区群众识灾、防灾、避灾的意识和能力，使群众主动、有效地参与地质灾害群测群防工作。

◎巫山县曲尺乡张家湾滑坡成功预警的经验与启示

张家湾滑坡位于曲尺乡月明村 6 社，长江右岸斜坡，为一土质滑坡。2017 年 10 月 15～16 日，滑坡出现变形滑移，2017 年 10 月 16 日巫山县曲尺乡月明村 6 社张家湾滑坡发生大规模滑移（全貌），直接摧毁并掩埋张家湾房屋 63 栋 355 间、家畜 10 头、农田 45 亩，损毁 220 伏输电线路约 4 000 米，直接经济损失约 1 000 万元，受灾群众达 47 户 207 人。

2017 年 10 月 15 日 17 时张家湾滑坡中上部出现显著变形，并有局部滑塌现象，后部拉裂缝迅速增宽、下错。2017 年 10 月 16 日 2～5 时，滑坡发生滑移破坏，滑距约 300 米，滑移后形成高 5～10 米的滑坡后壁，并成为滑坡残体的前缘。滑坡残体前部拉裂缝宽 5～15 厘米，下挫 2～8 厘米，延伸长 40～50 米。滑坡残体中部拉裂缝宽 3～8 厘米，下挫 2～5 厘米，延伸长 30～35 米。

张家湾滑坡

群测群防员邱仁贵，现年 44 岁，严格按照《巫山县地质灾害群测群防“四重”网格化责任制度》要求，按时对所负责的隐患点进行日常巡排查并做好记录，每周通过专用手机上报监测信息不少于两次，在汛期内特别是极端天气要求每日一查、每日一报。

2017 年 10 月 15 日 17 时，群测群防员邱仁贵对滑坡进行巡查时发现滑坡变形加剧，并有局部滑塌现象，后部拉裂缝增宽、下错，发现与往日相比新增地裂缝 4 条，感觉到问题严重，17 时 5 分立即将此情况报告给乡镇驻守地质队员温东并分别向县国土房管局和曲尺乡人民政府上报变形情况。接到险情报告后，曲尺乡人民政府立即启动张家湾滑坡应急预案，县国土房管局立即组织地环站工作人员赶赴现场进行调查。

接监测人员上报险情后，四川省地矿局九〇九水文地质工程地质队驻守地质队员立即对滑坡及其周边进行调查，判定滑坡处于缓慢变形阶段，并迅速确定危险区范围，于 17 时 25 分将初步调查结果上报县国土房管局和曲尺乡人民政府，建议立即对张家湾滑坡危险区范围内的群众进行撤离。县国土房管局、曲尺乡人民政府相关领导及工作人员在听取驻守地质队员的调查汇报后，立即组织并协调危险区范围内群众进行撤离，撤离工作从 17 时 30 分开始至 22 时结束，历时 4 小时 30 分，受威胁群众全部撤离，未出现人员伤亡。10 月 16 日 2～5 时，滑坡大面积滑移破坏。

虽然该滑坡由缓慢到快速滑移，造成了较大的经济损失，但是在发生过程中，第一时间进行了预警预报并对滑坡体影响范围内的人员进行了全部撤离，及时停电，封锁道路，处置得当，避免了重大人员伤亡和更大经济损失。本次灾害事件的成功处置，充分体现了地质灾害群测群防员、驻守地质队员在“四重”网格管理体系和村级领导干部在“县、乡、村”三级群测群防体系中发挥的重大作用。“四重”网格化管理体系主要包括：

张家湾滑坡中部房屋损毁图

全县 1 001 处地质灾害隐患点，选优配强群测群防员 758 名；26 个乡镇（街道）明确了地质灾害分管领导（26 名）和地质灾害专管员（28 名），专门负责辖区内的地质灾害防治工作；重庆市 208 水文地质工程地质队、重庆市地勘局川东南地质大队、四川省地矿局水文地质工程地质队、重庆地质矿产研究院 4 家技术支撑单位派出 22 名地质专业技术人员分别驻守 26 个乡镇（街道办事处），积极配合协助乡镇、街道开展地质灾害防治工作；地环站 5 名专职人员负责加强群测群防人员和驻守地质队员管理，并指导、督促乡镇（街道）加强地质灾害防治工作。

张家湾滑坡虽然是新生突发地质灾害，但能成功预警，无一人员伤亡的关键在于：

一是干部群众高度重视。2017 年 3 月 2 日组织召开了全县地质灾害防治领导小组第一次会议，要求各乡镇（街道）和有关部门要坚持“严字当头、落实到位”“宁可百日紧、不可一时松”理念，深化“四重”网格化管理，“横向到边，纵向到底”层层落实责任，严格督查督办，要进一步强化隐患排查、监测预警和宣传培训。2017 年 3 月 22 日，组织召开了全县地质灾害防治电视电话会，总结了 2016 年地质灾害防治工作，安排部署了 2017 年地质灾害防治工作。2017 年 7 月 7 日，召开了地质灾害防治工作领导小组第二次（扩大）会议，对地质灾害防治工作进行再安排部署。在国庆中秋强降雨期间，县委、县人民政府成立 8 个应急抢险救灾工作组，由县委书记李春奎、县长曹邦兴和其他县领导带队，分赴各受灾乡镇指导抢险救灾工作。2017 年 10 月 20 日召开全县第三次地质灾害防治工作领导小组会议，研究近期强降雨诱发的地质灾害防治工作，对县国土房管局和地质驻守队的工作进行了高度肯定；部署灾后重建工作，落实各乡镇、各部门责任，确保人民生命财产安全。正是各级领导高度重视，全县广大干部群众时刻绷紧“地质灾害”这根弦，早谋划、早安排、早部署，从思想认识上为地质灾害防治工作打下坚实基础。2017 年 5 月 21 日，曲尺乡月明村组织开展群测群防培训会议。

二是地质灾害“四重”网格化群测群防体系日益完善。2017 年 10 月 15 日 17 时，群测群防员邱仁贵对滑坡进行巡查时发现滑坡变形加剧，并有局部滑塌现象，后部拉裂缝增宽、下错，发现与往日相比新增地裂缝 4 条，感觉到问题严重，17 时 5 分立即将此情况报告给乡镇驻守地质队员温东并分别向县国土房管局和曲尺乡人民政府上报变形情况。接到险情报告后，曲尺乡人民政府启动张家湾滑坡应急预案，县国土房管局立即组织地环站工作人员赶赴现场进行调查。张家湾滑坡是巫山县原 968 处灾害体中的一处，是巫山县原库区 449 个群测群防点中的一个点，邱仁贵是地质灾害防治“四重”网格体系的一员，其参加了 2017 年 3 月 19 日县国土房管局在巫山县党校学术报告厅举办的全县地质灾害防治管理暨群测群防知识培训，5 月 21 日其参加了县国土房管局会同曲尺乡人民政府在张家湾滑坡点上组织的地质灾害知识培训和应急避险演练。正是得到防灾知识培训和会议精神鼓舞的邱仁贵同志，绷紧了安全这根弦，重视巡查工作，第一时间发现了险情，认识到了情况的严重性，及时报告险情，才为处置工作赢得了宝贵时间。

三是搞好培训演练安全撤离有保障。近几年来，巫山县将地质灾害防治经费纳入财政预算且确保逐年增加，每年拨付专项经费，组织专家对县级部门和乡镇主要领导、分管领导、干部职工，村社干部、群测群防员和村民开展了地质灾害防治知识培训 10 万余人次。在地质灾害隐患点和警示区开展应急演练，干部群众对地质灾害发生前兆、预警方式、撤离路线、安全避险等基本知识有了全面了解和认识。如果不是因为平时的演练，也许撤离得没有这么迅速。张家湾滑坡监测员邱仁贵参加了 2017 年 3 月 19 日全县地质灾害防治管理暨群测群防知识培训会，组织滑坡影响区群众参加了 2017 年 5 月 26 日张家湾滑坡点上的应急避险演练撤离工作，正是其果断决策，处置得当，避免了重大人员伤亡事件的发生。

村镇建设重规划
防治地灾责任大

在进行乡（镇）、村规划建设时，如果盲目地追求“大手笔”“大工程”，而不顾地质环境的条件和容量，不仅浪费建设资金，丧失地域景观资源，严重的还有可能导致地质灾害。因此，根据党中央国务院提出的和谐社会要求，在进行乡（镇）、村建设时应该重视人地关系，合理选址，重视规划，最大限度地利用自然景观，避免建设场地可能发生的地质灾害。不可随意开挖乱填、随意改变河道、轻视基础设施建设。

第一，在规划选址时，要处理得当，将居民点及重要工程选在远离地质灾害受威胁的地方，反之则会造成严重后果。例如，2001 年 5 月 1 日重庆武隆县县城江北西段，由于规划选址和高切坡处理不当，人为诱发垮塌事故，造成重大人员伤亡。

第二，如果进行不适当的工程活动，如在工程建设中大量开挖坡脚、随意堆土弃渣等，会造成比较严重的地质灾害，比较典型的有 1994 年乌江鸡冠岭小煤矿开采引发大规模崩塌，造成乌江断航，经济损失上亿元。因此，根据国务院颁布的《地质灾害防治条例》和原国土资源部发布的《建设用地审查报批管理办法》，必须完成地质灾害危险性评估才能进行建设用地审批。此规定可以避免因选址不当或不恰当的工程活动诱发的地质灾害，对规范、约束人类工程建设活动，减少人为诱发地质灾害的发生具有十分重要的意义。

山区村镇选址建房时，应重视拟建场地的地形地貌等地质条件。集中建房时，在规划期内应当聘请有相应资质的专业单位评估拟建设用地的地质灾害危险性，最终是否在该场地建房应由评估结果确定；分散建房时，目前还难以聘请有资质的专业单位逐一进行地质灾害危险性评估，可根据当地条件，由国土所人员在申请宅基地时到现场对其进行查看，指导居民正确地选择宅基地。对建设过程及建成后可能引发或加剧的地质灾害采取有效的防范措施。

安全选址应重视的“风水”条件

乡村房屋的选址十分强调人、建筑、环境三者之间的和谐关系，而“风水”正是牵涉房屋选址的环境问题。“风水”内容为“势、形、方”，“势”指区域性地形地貌，“形”指局部微地貌，“方”指住宅内部结构的方位、营造时间的选择等。“风水”学派中的“形、势、方”看重地形地貌，对山脉、水系进行了大量的观察和总结，许多观点符合现代地质学的基本原理，这里我们科学地总结了安全选址应注意的“风水”条件。

中国古代理想的风水模式为“负阴抱阳、山环水抱”，现代地质科学表明此模式反映的是一个山间盆地或山前盆地的模式。

◎平坦的地形

建筑场地应当选择开阔平坦的地形，远离可能发生地质灾害的隐患点，房屋后墙与开挖的人工边坡应留出安全距离，安全距离应由专业技术人员按如下要求确定：土质人工边坡无支护时，一般安全距离应大于边坡高度的 2/3；土质人工边坡切坡的高度应小于 5 米，大于 5 米时应分台阶并设立台阶平台，其宽度应大于 1 米。

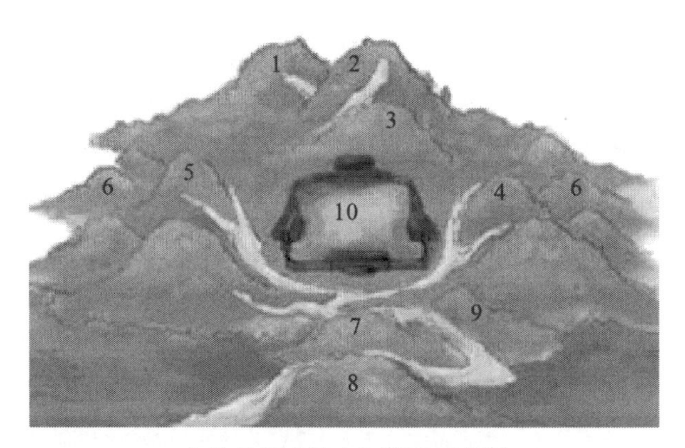

古代理想“风水”模式示意图

1-祖山；2-少祖山；3-主山；4-青龙；5-白虎；6-护山；7-案山；8-朝山；9-水口山；10-龙穴

但山区农村建房受地形条件限制，往往难以选择到平缓地，这时尽量选择在山坡坡度小于25度的坡脚处建房，即建在尽量平缓的山坡上，优先选择凹形坡坡脚，其次为直线坡坡脚，避免选择凸形坡坡脚，且尽量选择土层厚度小于1米的斜坡，土层过厚是形成滑坡体的物质来源，坡度越大的斜坡向下的滑动力也越大。

选择平缓的山坡建房示意图

选址确定后，应尽量减少对房屋待建处坡脚的大开挖，开挖坡脚容易形成不稳定人工边坡；同时由于开挖后的废弃土没有妥善处理而直接弃置在山坡下方，极易造成堆填土滑坡、崩塌的隐患。因此，为了避免滑坡、崩塌对山区、丘陵区附近居民的生命财产造成损失，需要在建房之前聘请专业技术人员进行地质灾害危险性评估。

◎稳固的基础

“万丈高楼平地起”，基础是否稳固直接关系到房屋的安全，隋朝著名匠师李春设计建造的赵州桥历经近1500年，至今依然完好如初，靠的就是基础的稳固。山区修建房屋时，应选择地质条件较好的硬质岩土体作为地基，受限于地形条件，山区房屋通常以填土地基为主，此时若不注意对地基基础的处理和加固，极易引起地基不均匀沉降，从而发生坍塌失稳事故。

地基不均匀沉降事故

所以选址在山坡上的房屋，基础尤其重要，应当对建筑物基础和地基进行加固处理，需要注意以下几点：

（1）山区房屋多以填土地基为主，填土应分层碾压、夯实；未经过有效处理的松散状填土会使地表不均匀沉降，导致填土区房屋损毁；

（2）填土区周边和场地内应设立具有防渗功能的截水沟和排水沟，这样可以避免地表水冲刷和渗入地下，以免造成地表不均匀沉降，从而防止由此导致的房屋损毁；

（3）基础应尽量埋入较深的非填土层；

（4）填土厚度大或建筑物楼层较高时，应事先由相关专业部门设计建筑基础并通过专业技术论证；

（5）填土厚度较大且存在填土边坡时，应设置挡土墙及排水孔，但须先由相关专业部门制订施工方案，并经过专业技术论证，方能施工。

滑坡造成房屋损毁

◎远离“水患”

滑坡、崩塌、泥石流等地质灾害大部分都是由水引起的，因此在住房选址时，应该尽量远离水库、河岸，建设场地确定后，生活用水的引入和排放安全要引起足够的重视。在进行村镇规划时往往比较重视房屋建筑设施，而不够重视生活废水和雨水的排放设施，形成了长年不断的入渗水源，这便是坡体稳定性降低的重要原因，从而增加了地面的裂缝；乡村的排水设施，特别是位于后山的拦山堰等地基处理较差，很快拉裂破坏，在暴雨来临时，排水设施不仅起不到排水的作用，反而将地表水汇集起来渗入了坡内；在场地或道路切坡后，没能合理地采取加固措施，造成大范围的滑动。

为了避免渠道开挖、渠水渗入地下引起的山坡失稳，滑坡上部在布置引水系统时尽量采用输水管道。相对来说，管道一旦发生漏水，比较容易监控，并且补漏也比较及时。

生产、生活废水排放系统要保证安全、有效，避免堵塞沟渠、污水渗漏和冲蚀或渗入滑坡体。山坡低凹处降雨形成的积水应及时排干，否则，当坡体变形时极易引发积水区地面拉裂，形成裂缝，导致地表水渗入滑坡体内，加剧滑坡体变形破坏。

不合理排水诱发滑坡变形

生活用水排放导致滑坡实例 2011 年 3 月 2 日 18 时 55 分，甘肃省东乡族自治县县城撒尔塔文体广场西北角突然发生滑坡，威胁到县城 2/3 区域的安全，直接经济损失约 4.6 亿元，属特大型滑坡灾害，事后经过专家调查，发现生活废水漏水是该滑坡发生的重要原因。

生活用水排放导致滑坡

◎茂盛的植被旁修建房屋

选址建房时应该尽量选择山坡植被覆盖率较高且以乔木为主的坡脚处建房，但是不能选择太陡的斜坡。屋后山坡植被能较好地减少降雨对地表的冲刷，增加山坡土体的稳定。

那是不是说植被越多越密就越好呢？也不尽然，实践表明，斜坡如果较陡，表层土体较松软，过密的植被、过高的乔木反而更容易引发表层滑坡。一是“树大招风”，树木会因为大风而摆动，导致根部土体松动，促进水体入渗；二是“头重脚轻”，过密植被会增加人工边坡上部的倾覆力；三是大量降水没有及时排出，坡体的重量和下滑力随之增加，从而降低了土体的抗剪强度。因此，过密过高的乔木扩大了滑坡的范围并且易使滑坡滑动的时间滞后。另外，倒伏的树干易使房屋受损。因此，建议砍除切坡开口线上部自然斜坡的“危树”。砍除范围定在 5 ~ 10 米即可，要超出排水沟范围，清理后的空地可种植一些草皮或低矮灌木。后山绿化是防治坡面泥石流的一种有效方式，但是要防止出现“马刀树”“醉汉林”等表示斜坡不稳定的现象。

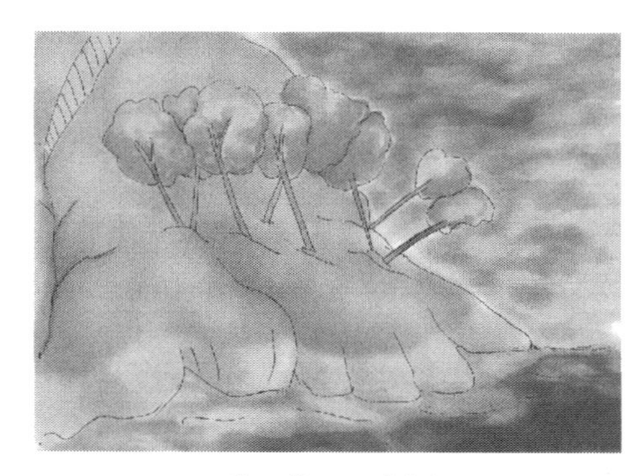

“醉汉林”示意图

“马刀树”示意图

房屋选址确定后还要注意，房屋后靠近边坡顶部的山坡不要种植毛竹、果林、茶园、水田和根系特别发达的树木。根系特别发达的树木（如榕树等），使土壤裂缝增多，雨水容易渗透，最后也可能导致滑坡的发生。

错误种植植物导致滑坡实例 广西桂林兰田多处可见种植毛竹导致的山体滑坡，毛竹的生长习性是成片生长，在一定的坡度上，其根系只能够深入30～50厘米的地表层，持水性很好，这会提高土壤含水量。如果遇到强降水或者大风的天气，发生滑坡和泥石流的概率非常大。

错误种植植物导致滑坡

“三分天灾，七分人祸”，村镇建设可能引发的地质灾害

对山区农村而言，部分地形起伏得以保留，直观上可以使建筑物错落有致，提高外观上的品位，此外，还可以有效保护地质生态环境，保留泥石流等的行洪通道。如果过度追求场地的绝对平整，不仅建设费用会随之增加，而且还可能因挖、填方边坡造成滑坡隐患，填方厚度较大还可能造成地面和建筑物、构筑物基础的不均匀沉降。在多雨的南方经常开挖植被茂密但岩层风化强烈的斜坡地段，如果没有采取必要的防护措施，暴雨时，极易遭受滑坡灾害。

◎严禁乱填（堆）、乱挖

随着城镇化进程的加快，工程建设已经深入社会的每一个角落，许多建设场地位于不平坦的斜坡之上，但许多建筑工程过度追求场地的绝对平整，形成了大量的人工开挖边坡和人工填土区，结果是这不仅会增加建设费用，而且会使周边地质环境的稳定性变差而产生地质灾害。

填充堆砌的物质结构不均匀，密实度变化较大，工程建设可能会造成地基沉降不均匀，并对建筑体造成破坏。堆填物结构疏松，稳定性较差，随意堆填在一起即为滑坡、泥石流提供物源，雨季可能引发滑坡、泥石流等地质灾害。

乱填（堆）示意图

乱填乱堆导致滑坡实例　国务院批复了广东深圳光明新区渣土受纳场“12・20”特别重大滑坡事故调查报告。国务院调查组认定，这起事故是一起特别重大的生产安全责任事故。

2015 年 12 月 20 日 11 时 42 分，广东省深圳市光明新区凤凰社区恒泰裕工业园发生山体滑坡。滑坡覆盖面积约 38 万平方米，造成 73 人死亡，4 人下落不明，17 人受伤（重伤 3 人，轻伤 14 人），33 栋建筑物（厂房 24 栋、宿舍楼 3 栋、私宅 6 栋）被损毁、掩埋，90 家企业生产受影响，涉及员工 4 630 人。事故造成直接经济损失 8.81 亿元。

2015 年 12 月 25 日，在国务院深圳光明新区“12・20”滑坡灾害调查组排除山体滑坡、认定不属于自然地质灾害的基础上，依据有关法律法规并经国务院批准，成立国务院广东深圳光明新区渣土受纳场“12・20”特别重大滑坡事故调查组。调查组由国家安全生产监督管理总局（现已改组为应急管理部）、公安部、监察部（现已改组为国家监察委员会）、国土资源部、住房和城乡建设部、中华全国总工会和广东省人民政府等有关方面组成，邀请最高人民检察院派员参加，并聘请规划设计、环境监测、岩土力学、固体废弃物和法律等方面专家参与事故调查工作。

国土资源部官方微博“国土之声”发布微博：广东省地质灾害应急专家组在现场展开调查，初步查明深圳光明新区垮塌体为人工堆土，原有山体没有滑动。人工堆土垮塌的地点属于淤泥渣土受纳场，主要堆放渣土和建筑垃圾。

由于堆积量大、堆积坡度过陡，其失稳垮塌，并造成多栋楼房垮塌。这说明所谓的山体滑坡，并非天灾，而是人祸。

乱填乱堆导致滑坡（图片来源：《楚天金报》）

◎严禁随意兴建池塘

在县（市）、乡（镇）、村建设中，为了满足生活、生产用水的需要，往往修建不少池塘。如果没有经过合理的选址和设计，这些池塘有可能建设在滑坡体或不稳定的斜坡上，当滑坡体或不稳定斜坡发生变形拉裂时，池塘的水沿着裂缝渗入坡体内部，造成坡体内岩土体软化、强度降低，从而坡体稳定性降低，触发滑坡并造成严重的后果。

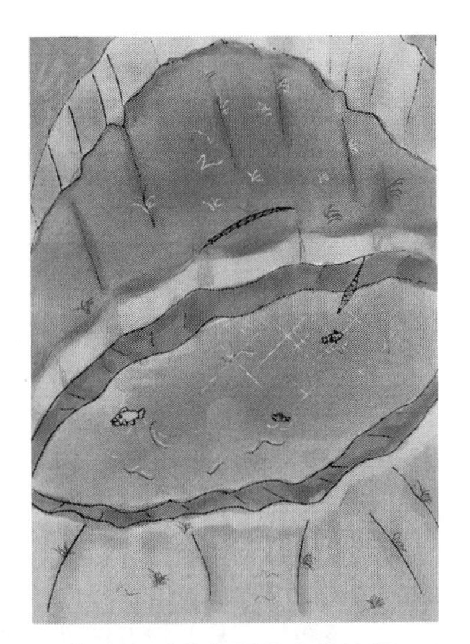

修建在不稳定斜坡上的池塘

◎严禁人为改变河道

天然河道是经历漫长的地质时期才形成的，是地质作用的结果。未经专业人员科学论证，人为随意改变河道的自然状态，如缩小河道宽度、改变流通方向，可能会导致泥石流等地质灾害的发生。主要的原因是：河道的河水不仅来源于四处汇集而来的雨水，而且还来源于坡体内沿一定的路径汇集而来的地下水，人为改变河道位置只是简单地改变了地表水的流通渠道，地下水的流动路径并没有改变，因此地下水还是会汇集到原河道位置处。下暴雨时地下水在原河道位置析出，由于河道被人为改造而无法顺畅排泄，水在原河道位置大量聚集，易诱发山洪、泥石流等地质灾害。

人为改变河道导致山洪泥石流实例　2012 年 7 月 21～22 日 8 时左右，北京及其周边地区遭遇 61 年来最强暴雨及洪涝灾害，其中房山区南泉河道上从上游到下游，水坝、河堤顺次崩塌，洪水夹杂着泥石流，巨大的冲击力使下游的后石门村陷入绝境，400 余户村民受灾。

南泉河拦河坝旧址（图片来源：新闻国际在线网）

南泉河本是自然泄洪道。1964 年，“农业学大寨”那会儿，坚信人定胜天的村民将三四十米宽的南泉河几乎填没，之后，在河道上种树播种。10 多年来，在几近被填平的河滩上，后石门村一些村民建起房屋、打印店、小商店、饭店，红红火火。20 世纪 70~80 年代，为确保栽种在河道里的树木和庄稼不被水冲，在南泉河老河道东侧 50 米远，村里开挖了一条四五米宽的新河渠。南泉河桥下，一道两米来高、百余米长的坝体筑起，希望将原本老河道容纳的河水截断，利用水坝将水引向新河渠。

2012 年 7 月 21 日晚，洪水教训了肆意改变自然之力的人们。南泉河桥下的拦河坝被洪水冲垮，洪水并未按照人们想象的那样流进新河渠，而是径直奔向南泉河老河道。顷刻间无数个农家院被淹，洪水冲垮多条拦河坝，裹挟着坝里的水，直奔下游后石门村，最终导致了巨大的经济损失和人员伤亡。

滑坡上的工程建设应注意的问题

在山区，老滑坡堆积形成的地形较为平坦，常常作为农村居民点、村、乡（镇），甚至县城的场址。规划场地在古滑坡上时，必须经专业单位勘查论证，无危险时方可进行建设。

◎严禁随意在滑坡后缘堆（加）载

对人类工程活动中形成的废石、废土，不能随意顺坡堆放，特别是不能堆砌在斜坡上方地段，这是因为在不稳定坡体上随意堆载废石、废土，增加了斜坡向下滑动的力，使斜坡更容易向下滑动而产生滑坡灾害。

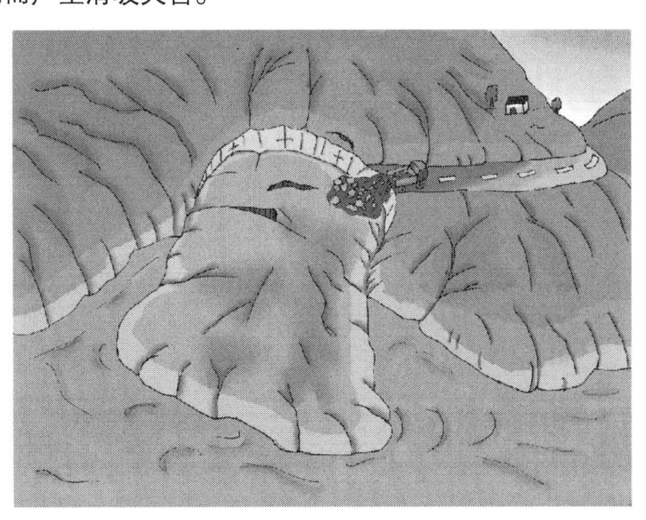

滑坡后缘堆（加）载示意图

◎严禁随意开挖坡脚

人为随意地开挖坡脚会造成坡脚自身稳定性变弱，坡脚对滑坡体支撑作用降低，坡体的稳定性变差，导致新滑坡产生或古滑坡复活，从而形成地质灾害。如果坡脚必须开挖并且挖方规模较大时，应该事先经过专业技术论证和主管部门的批准，并且由相关专业单位制订开挖方案后，才能开挖。在坡脚开挖完成后，应根据边坡实际情况进行及时支挡。

随意开挖坡脚示意图

◎严禁随意扩大建筑规模

古滑坡在自然状态下具有一定的地质安全容量。因此，如果随意扩大建筑规模，可能超过古滑坡有限的载荷重量，这就会引发局部甚至整体的滑动，造成巨大的损失。所以必须按照国家规定的建设用地（工程）地质灾害危险性评估程序和工程建设勘察设计程序在滑坡体上规划新村镇，并且请专业单位进行专门的地质勘查工作，并报请政府部门审批。

古滑坡随意扩大建筑规模示意图

泥石流区的工程建设需要注意的事项

在山区，泥石流堆积区和山坡沟谷口处地势平坦，常常作为村镇，甚至县城的场址。未经专业技术人员调查，盲目开展工程建设，一旦暴发泥石流，可能导致重大经济损失和人员伤亡，因此，泥石流易发区的工程规划建设必须经专业单位勘查论证后方能开始。

◎严禁随意在泥石流发生过的地区建房

通常情况下，泥石流堆积区地势比较平坦，地质体结构松散，水源丰富，植被茂密，所以泥石流往往在发生一段时间后迹象模糊，导致后人放松了对该地方的警惕，盲目地在该地区修建房屋，一旦发生特大暴雨，又会酿成新的灾难。因此，在进行集镇建设时，应该请专业技术人员进行实地调查，了解选址场地是否有泥石流发生的历史，从而分析泥石流的复发和成灾风险，如果发生泥石流的风险过大，应避免以此处为建设场地。

泥石流堆积区现场

泥石流区未经调查建房导致灾害实例　2005 年 6 月 30 日，四川省泸定县杵泥乡暴发群发性泥石流，造成了较为严重的人员伤亡和财产损失，这次灾害就是典型的建设场址未经调查访问而盲目建设所导致的灾害。事后调查得知，磨子沟曾先后于 20 世纪 80 年代和 90 年代分别暴发过泥石流，平均暴发周期为 10 年，不宜在此处大规模修建房屋。

若泥石流地区被用作房屋建设场地，房屋禁止修建在行洪通道或边缘处，并且应当控制建设规模。如果堆积区被用作建设场地，为了避免泥石流直接冲入，应沿两侧地势较低处修建新的行洪通道。泥石流的搬运规律非常复杂，西南山区常常可见冲出的巨石达数十米长，体积达数百立方米，其冲击力巨大。因此，沟谷中物源丰富、巨石嶙嶙、坡降较大时，堆积区不宜作为房屋建设用地。

泥石流行洪通道建房导致灾害实例　2006 年 7 月 14 日 23 时至 15 日 1 时左右，四川省盐源县平川镇马堡村 2 组发生了一起山洪泥石流灾害。当地地处山区，给抢险救灾工作造成诸多困难。灾害共造成 5 人死亡，2 人重伤，11 人失踪，以及 39 间民房被损坏，1 座铁选矿厂和部分房屋被冲毁，省道西木公路中断，西昌市至盐源县的电信光缆被毁坏 2 000 多米，有线电话一度中断，该村庄建于泥石流冲沟沟口，泥石流暴发时冲毁房屋，导致人员伤亡。

四川省山洪泥石流灾害现场图

◎改善生态环境

生态环境的质量与泥石流的产生和活动程度密切相关。生态环境好的区域，泥石流发生的频度低、影响范围小；生态环境差的区域，泥石流发生频度高、危害范围大。为了抑制泥石流的形成，可在河谷中上游提高植被覆盖率；在沟谷下游或乡镇附近营造一定规模的防护林，防护林可以对土体起到稳固作用，一旦发生泥石流还可以为泥石流的冲击提供安全防护屏障。所以，为防止泥石流发生，可做好山坡绿化，但不得种植毛竹、果林、茶园、水田。

河谷中上游种植防护林

滑坡下方种植农田

改善生态环境实例 “一年一小灾，三年一大灾，无灾不成年”，曾经是人们对丽江市永胜县洪涝泥石流灾害频发的形象描述，而如今的永胜已是一派山清水秀的景象。最近 10 年来，丽江市通过认真组织实施天然林保护、退耕还林等重点生态工程，扎实推进“森林丽江”建设，使全市森林覆盖率由 10 年前的 40.3%提高到 66.15%，高于全省平均水平 18.7

个百分点，极大地改善了包括永胜县在内的全市 1 区 4 县的生态环境，有效防止了泥石流等灾害。

◎严禁在山沟内倾倒垃圾

在冲沟中堆放垃圾使发生泥石流的固体物质来源增多，在强降雨等极端天气情况下，发生泥石流所造成的危害会更大。县（市）、乡（镇）、村人口密度大，产生的生活、生产垃圾多，把垃圾随意堆积在沟谷中影响环境景观，污染水环境，更严重的是增大了产生泥石流的风险。因此，生活、生产垃圾不能随意倾倒堆放，尤其是在山区冲沟。

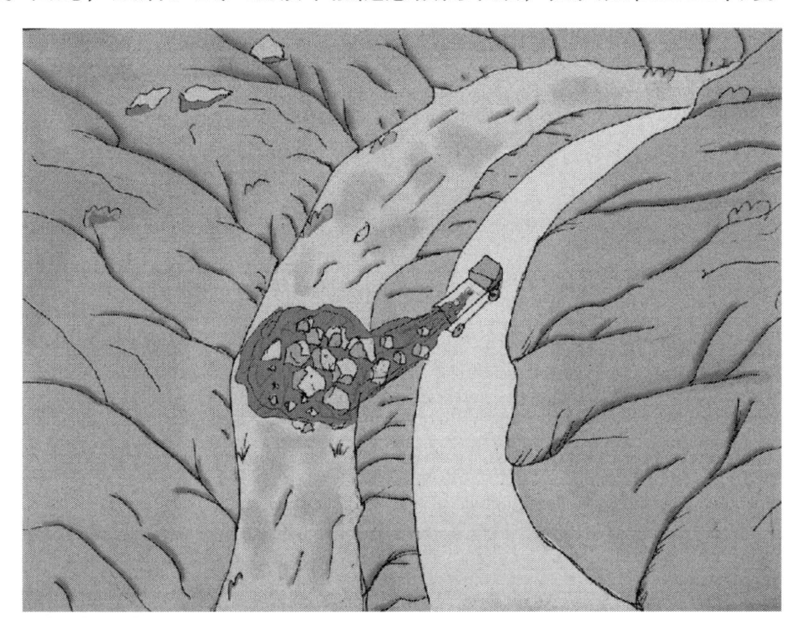

随意在沟谷堆放垃圾示意图

随意倾倒垃圾导致泥石流实例 2015 年福建厦门集美区后溪镇英村何山埔一座 120 米高的山坡上，半年多来形成一个巨大的渣土堆，体量约 20 万立方米，已致数次泥石流，给山下农庄造成危害，并威胁天马山隧道的安全。

“我们头上悬着几十万立方米的渣土，隔三岔五滑下一些，冲进楼里。”集美后溪居民孙先生说，后溪镇英村何山埔 120 米的山顶上，最近隆起一个高达 20 米的渣土堆，近几个月来连续滑坡，给山下居民、公路隧道的安全带来严重隐患。

据山下居民介绍，何山埔后山位于天马山和大茂山中间，山高 120 米左右，“原本山上是个废弃的采石场，是个凹进去 10 米的大坑，后来种上了植被。但最近半年来不断有渣土车上山倒土，现在渣土高高地堆积，都冒出大坑有 10 米高了。”孙先生说。他发现山体滑坡后，多次派人在路口拦截乱倒土的渣土车，但对方根本不予理睬，依旧我行我素。

记者来到集美区后溪镇英村何山埔。顺着盘山公路一路蜿蜒而上几百米，到达了半山腰。在山道的两侧，堆满了馒头似的小土丘。一根插在地上的警示牌上写着“此地禁止倾倒渣土”，但厚重的土壤“挑衅”般地将它埋得只露出牌面。

到达山顶，可见黄色的土头山高高耸起，挡在土头山外面的是一个空心砖砌成的围墙，约 10 米长。翻过围墙，即踏入废弃的土头山。由于这几天没有下雨，土头山表面的泥土已经被晒干，许多地方还出现干裂。“土层大约有 20 米高，外面是晒干了，但底层可能裹着水，是松动的软泥。”现场的地质勘查人员介绍。如果继续下雨造成滑坡，滑落的泥土将漫过排洪沟，流到下方的天马山隧道，将隧道口堵住。

因此制订科学的垃圾处置方案并在建设过程中同步实施，是衡量规划建设水平的重要指标，为避免增加产生泥石流的风险，山坡上不得堆积废弃土石、弃渣，不得设立堆、排土场。泥石流沟流通区被人为改道和缩小断面，埋下灾害隐患。

地灾防治法规化
普法宣传进万家

制定地质灾害防治法律法规的必要性

我国地质构造复杂，地形地貌起伏变化大，山地丘陵占国土面积的65%，重庆、四川、云南、贵州等省市达 90%；季风气候造成降雨在时空分布上不均匀。特别是近年来，气候异常，加之不合理的人类工程活动，我国成为世界上地质灾害最为严重的国家之一，尤其是崩塌、滑坡和泥石流等地质灾害最为频繁。崩塌、滑坡和泥石流的分布范围占国土范围的 44.8%，其中又以西南、西北地区最为严重，年均 1000 多人死亡，经济损失巨大。据统计，当前地质灾害已成为造成我国人员伤亡的主要灾害。20 世纪 90 年代以来，全国每年因各类地质灾害造成的人员伤亡有逐年增加的趋势，经济损失年均高达上百亿元。

党和国家对地质灾害防治工作历来十分关注。江泽民在 2001 年和 2002 年中央人口资源环境工作座谈会上强调“切实做好地质灾害防治工作”，“全面加强地质灾害的监测预防，继续做好三峡库区等重点地区地质灾害防治工作”。朱镕基于 2001 年 7 月在三峡移民对口支援会议上指出“三峡库区地质灾害隐患较多，绝不可以掉以轻心。加强对崩滑体等地质灾害的监测和治理，刻不容缓，必须在水库蓄水前抓紧治理”，并决定从三峡建设资金中拿出 40 亿元用 2 年时间，在 2003 年水库蓄水前治理三峡库区的地质灾害。温家宝也多次对全国地质灾害防治工作做过批示。2003 年 7 月湖北省秭归县千将坪发生滑坡后，时任副总理的曾培炎亲赴滑坡现场，看望灾区干部群众，部署地质灾害防治工作。

2001 年 5 月 12 日，《国务院办公厅转发国土资源部建设部关于加强地质灾害防治工作意见的通知》(国办发〔2001〕35 号)要求各地区、各有关部门高度重视，建立健全地质灾害防治工作责任制，加强监测，建立地质灾害预警系统，排查隐患，制定地质灾害防治规划，加强监督，加大地质灾害防治工作执法力度，安排资金，保证地质灾害防治工作需要，加强宣传，提高干部群众的防灾意识。针对 2003 年四川、贵州等地发生的灾害，国务院办公厅向各省(自治区、直辖市)人民政府和有关部委、直属机构发出《国务院办公厅关于加强汛期地质灾害防治工作的紧急通知》(国办发明电〔2003〕29 号)，通知要求：各部门加强协作，做好雨情、水情测报工作；加强监测，做好地质灾害预警工作；编制预案，妥善安置受灾群众；依法管理，严格执行地质灾害防治法规；加强调查，抓紧制定地质灾害防治规划；加强领导，落实责任。近几年来，国务院领导每年就地质灾害防治工作给原国土资源部的批示达 20 余件，这充分体现了党和国家对地质防治工作的高度重视。

1998 年国土资源部组建后，始终将地质灾害防治作为工作重点之一，进一步加强了调查、监测和评价工作，仅在国土资源大调查中部署开展的受地质灾害威胁较严重的 400 个县(市)的地质灾害调查与区划工作中，就已查出 40 000 余处地质灾害隐患点。根据国务院领导批示和地方人民政府请求，每年汛期，原国土资源部都组织专家分赴地质灾害较严重的地区进行巡查，指导群测群防、监测预警和防灾救灾工作。实践证明，做好地质灾害调查、评价、规划、监测、预报和防御工作，是实现地质工作根本转变，使地质工作更好地为经济建设、社会发展服务，更好地与地方经济相结合的具体表现。据统计，1998 年以来，由于各地、各级国土资源部门成功预测、预报地质灾害，至少避免了数万人的伤亡。

然而，目前我国地质灾害防治工作中还存在许多问题，其中最为突出的是法律不健全带来的一系列问题：一是地质灾害防治工作缺乏统一规划，各自为政，工作交叉，低水平重复工作的同时留下大量空白区，造成人力、财力的严重浪费；二是不少部门、单位及个人，不能正确处理长远利益与眼前利益、自身利益与社会公众利益的关系，在生产活动、工程建设时不采取地质灾害预防措施，造成了人员伤亡、经济损失的严重后果；三是在社会主义市场体制下，政府及其有关部门在地质灾害防治方面的责权、企事业单位及公民在地质灾害防治中的权利与义务均不够明确；四是地质灾害防灾应急反应能力不足，地质灾害防治资金投入严重缺乏，许多措施强制性不够，不能落到实处。

1993 年 3 月，国土资源部颁布实施了《地质灾害防治管理办法》(国土资源部第 4 号部长令)，为规范地质灾害的管理，减少人员伤亡和财产损失起到了积极作用，但其本身有局限性。经过几年来的实践，《地质灾害防治管理办法》有许多方面需要补充和完善，河北、湖北、湖南、四川、云南、甘肃、新疆维吾尔等省 (自治区) 颁发实施的《地质环境管理条例》和山西、吉林省的《地质灾害防治管理条例》表明，只有通过立法才能有效规范人类工程活动，明确政府、单位、公民的权利和义务，最大限度地避免和减轻地质灾害损失，因此，将地质灾害防治法规化已成为地质灾害防治工作最为紧迫的任务。

基于上述背景，2003 年 11 月 19 日国务院第 29 次常务会议通过了《地质灾害防治条例》，2003 年 11 月 24 日国务院原总理温家宝签署第 394 号国务院令，颁布《地质灾害防治条例》(简称《条例》)，自 2004 年 3 月 1 日起施行。《条例》在总结多年地质灾害防治工作经验的基础上，确立了三项原则、五项制度和五项防灾措施，简称《条例》要点“三五五”。《条例》的颁布实施，对地质灾害防治工作起着重要的指导作用，使我国地质灾害管理工作进入规范化、法制化的轨道，同时也为加强地质灾害防治管理，有效预防和减少地质灾害的发生，最大限度地避免和减少地质灾害造成的人员伤亡与经济损失提供了法律保障。

《地质灾害防治条例》知多少

◎《条例》要点“三五五”

我们所说的“三五五”是指《条例》在总结多年地质灾害防治工作经验的基础上，确立的三项原则、五项制度和五项防灾措施，它在地质灾害防治中具有普遍的适用性。

三项原则

原则一是在总结我国地质灾害防治工作的经验和教训基础上提出的，重在预防。预防为主、避让与治理相结合，就是对纳入条例适用范围的所有地质灾害，均应采取措施 (包括法律的、组织的手段)，特别是限制一些不合理的工程建设活动，防止与减少人为地质灾害的产生，以预防为主，防患于未然。一旦发生地质灾害，就要依法进行调查评估，对人员及经济损失不大但治理费用巨大的，尽量避让；对可能造成人员财产与环境重大损失、非治不可的，进行治理。全面规划、突出重点的原则，就是要综合起来考虑不同地质灾害的特点和社会经济发展水平，进行全面统一规划，选择重点地区和重点工程进行重点防治，分步实施。

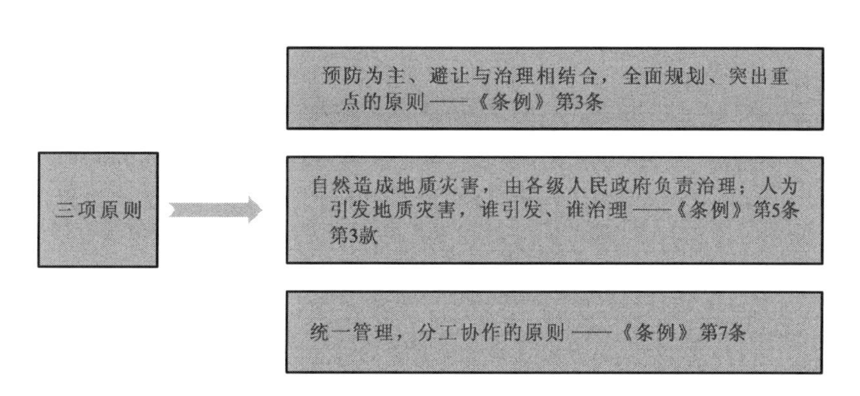

三项原则基本定义

原则二表明地质灾害防治工作应当纳入国民经济和社会发展计划，自然因素造成的地质灾害的防治经费，在划分中央和地方事权与财权的基础上，分别列入中央和地方有关人民政府的财政预算。具体办法由国务院财政部门会同国务院国土资源主管部门制定。由工程建设等人为活动引发的地质灾害的治理费用，按照谁引发、谁治理的原则由责任单位承担。

原则三说明政府职能部门在地质灾害防治工作中的职责分工规定：一是国务院国土资源主管部门对全国地质灾害防治工作进行组织、协调、指导和监督；二是国务院其他有关部门按照各自的职责负责有关的地质灾害防治工作；三是地质灾害防治工作离不开地方人民政府的支持，同时它也是地方人民政府的一项重要职责。

五项制度

五项制度主要包括地质灾害调查制度、地质灾害预报制度、工程建设地质灾害危险性评估制度、地质灾害危险性评估和防治工程资质管理制度、与建设工程配套实施的地质灾害治理工程“三同时”制度，如下图所示。

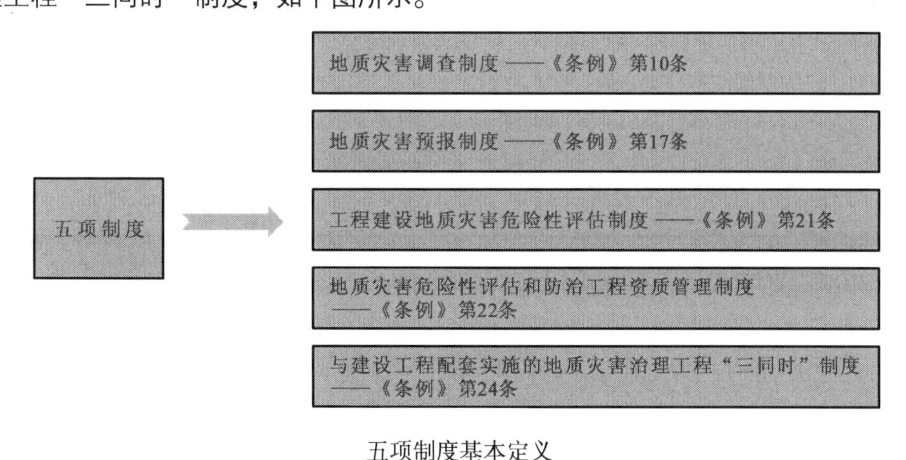

五项制度基本定义

地质灾害调查制度

地质灾害调查是指制定地质灾害防治规划，建立地质灾害信息系统，划定地质灾害易发区和危险区，编制年度地质灾害防治方案，进行地质灾害监测和预报。组织治理地质灾害所必不可少的前期基础工作，对地质灾害防治管理具有十分重要的作用。地质灾害调查是一项范围广、涉及部门多的工作，为了保障调查的科学性和准确性，国土资源主管部门和建设、水利、交通等部门作为调查主体，发挥重要的作用。

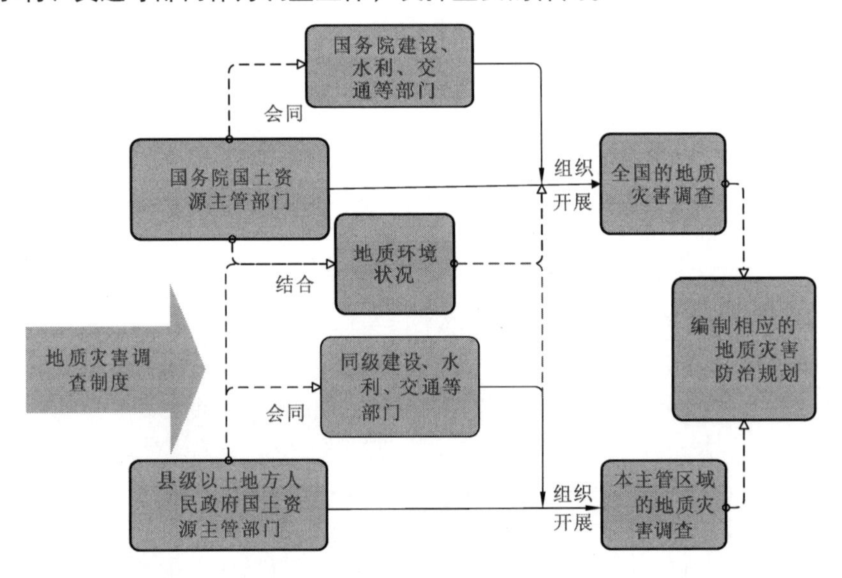

地质灾害调查制度

地质灾害预报制度

地质灾害预报制度是指地质灾害防治过程中为了避免或者减轻地质灾害给人民生命财产造成损失，针对不同地质灾害实行事先预报的一项基本法律制度。它有利于防患于未然，早准备早应对，针对不同的灾害危险采取相应的避灾措施，保护人民生命财产安全。

特定的地质环境是地质灾害形成的控制因素，降水和不合理的人类工程活动是引发地质灾害的因素。因此，预报地质灾害必须根据地质灾害隐患点的稳定状态综合考虑其引发因素，判断地质灾害的危险性和可能发生的时段。

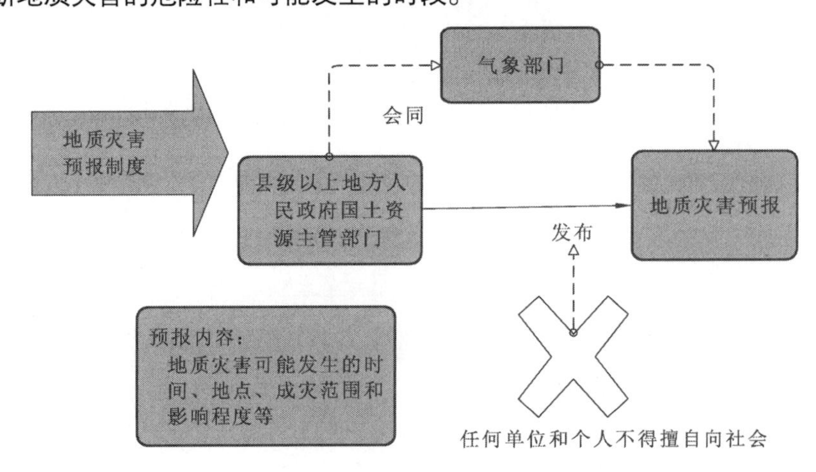

地质灾害预报制度

工程建设地质灾害危险性评估制度

随着我国基础设施的大规模建设，人类不合理的工程活动造成或者诱发的地质灾害数量剧增，危害加大，究其原因：一是工程选址不考虑地质环境条件，将居民点、重要工程选在受地质灾害威胁的地方；二是不合适工程活动诱发的地质灾害。因此，只有在工程项目选址阶段进行地质灾害危险性评估，并在后期勘查、设计中采取针对性措施，才能达到减灾的效果。

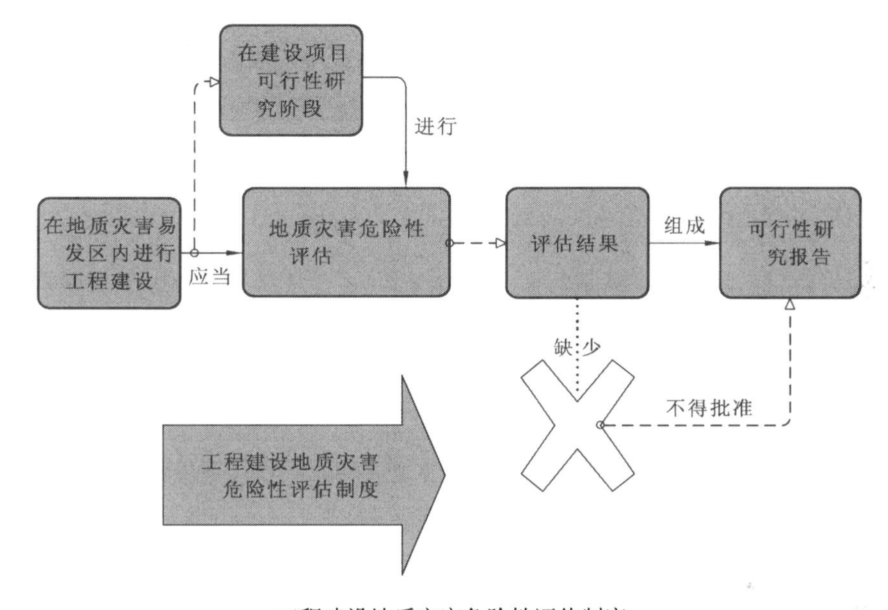

工程建设地质灾害危险性评估制度

地质灾害危险性评估和防治工程资质管理制度

从事地质灾害危险性评估和地质灾害防治工程勘查、设计、施工及监理的单位，必须经省级以上国土资源主管部门对其资质条件进行审查，取得相应等级的资质证书后，方可在资质等级许可范围内从事相关工作。

与建设工程配套实施的地质灾害治理工程“三同时”制度

经评估认为可能引发地质灾害或者可能遭受地质灾害危害的建设工程，应当配套建设地质灾害治理工程。地质灾害治理工程的设计、施工和验收应当与主体工程的设计、施工、验收同时进行。配套的地质灾害治理工程未经验收或者经验收不合格，主体工程不得投入生产或者使用。

五项防灾措施

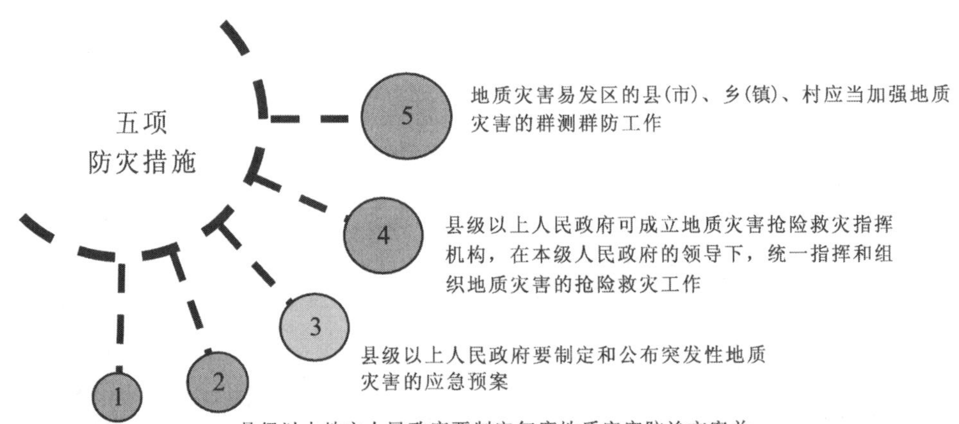

◎地质灾害报告制度

为了及时掌握全国地质灾害灾情险情及发展趋势，进一步提高应急反应能力，满足信息畅通、反应迅速、决策科学、指挥快捷的应急管理工作要求，因此，需要开展地质灾害报告制度。

报告程序

发生了地质灾害，什么类型地质灾害才需要报告呢？要向哪个部门报告呢？报告有没有时间限制呢？下面这张表就可以帮我们搞清楚这些问题。

<table>
<tr><th>灾害类型</th><th>速报主体</th><th>时限/时</th><th>速报对象</th><th>备注</th></tr>
<tr><td>特大型地质灾害</td><td rowspan="4">灾害所在县（市）国土资源主管部门</td><td>6</td><td rowspan="2">市（地）级国土资源主管部门，同时越级速报省级国土资源主管部门和自然资源部</td><td>根据灾情进展，随时续报，直至调查结束，由自然资源部或委托省（自治区、直辖市）国土资源主管部门及时组织调查和做出应急处理。委托省（自治区、直辖市）国土资源主管部门进行调查处理的，最终形成的应急调查报告应尽快上报自然资源部</td></tr>
<tr><td>大型地质灾害</td><td>12</td><td>根据灾情进展，随时续报，直至调查结束，大型地质灾害由省级国土资源主管部门及时组织调查和做出应急处理，并将最终形成的应急调查报告上报自然资源部</td></tr>
<tr><td>中型地质灾害</td><td>24</td><td>市（地）级国土资源主管部门，并越级速报省级国土资源主管部门</td><td>市（地）级国土资源主管部门及时组织调查和做出应急处理，并将应急调查报告上报省级国土资源主管部门</td></tr>
<tr><td>小型地质灾害</td><td>及时</td><td>县级国土资源主管部门</td><td>负责组织调查和做出应急处理</td></tr>
</table>

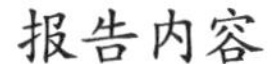

报告内容

负责报告的部门应根据已掌握的灾情信息，尽可能详细说明地质灾害发生的地点、时间、伤亡和失踪的人数、地质灾害类型、灾害体的规模、可能的诱发因素、地质成因和发展趋势等，同时提出主管部门采取的对策和措施，并形成应急调查报告。

地质灾害应急调查报告应当包括哪些内容呢?

（1）地质灾害类型和规模；

（2）地质灾害成灾原因，包括地质条件和诱发因素；

（3）基本灾情、抢险救灾工作；

（4）发展趋势、已经采取的防范对策和措施；

（5）今后的防治工作建议。

县乡人民政府及村民组织的防灾责任

◎地质灾害防治工作原则

地质灾害防治工作关系到灾害区老百姓生产生活及切身利益，应当纳入国民经济和社会发展计划。我们都知道，一次灾害来临所带来的经济损失很大，治理起来的工作经费也很大，那所有的地质灾害都需要国家来负责治理吗？这里列出了地质灾害防治的工作原则。

自然因素造成的地质灾害的防治经费，在划分中央和地方事权与财权的基础上，分别列入中央和地方有关人民政府的财政预算

工程建设等人为活动引发的地质灾害的治理费用，按照谁引发、谁治理的原则由责任单位承担

地质灾害防治工作原则

另外，作为县级人民政府也应当加强对地质灾害防治工作的领导：在地质灾害发生前，要加强宣传教育，增强老百姓的地质灾害防治意识和自救、互救能力；在地质灾害发生时，要组织有关部门采取措施，做好地质灾害防治工作，尽可能减少地质灾害对人民群众造成的损失。

◎地质灾害调查与规划

县级地方人民政府国土资源主管部门负责本行政区域内地质灾害的组织、协调、指导和监督工作，并与其他有关部门（如建设、水利、交通等）通力合作，开展本行政区域内的地质灾害调查与规划工作。那么，县级人民政府及其下属部门该如何开展地质灾害调查与规划工作呢？其具体工作流程及内容如下：

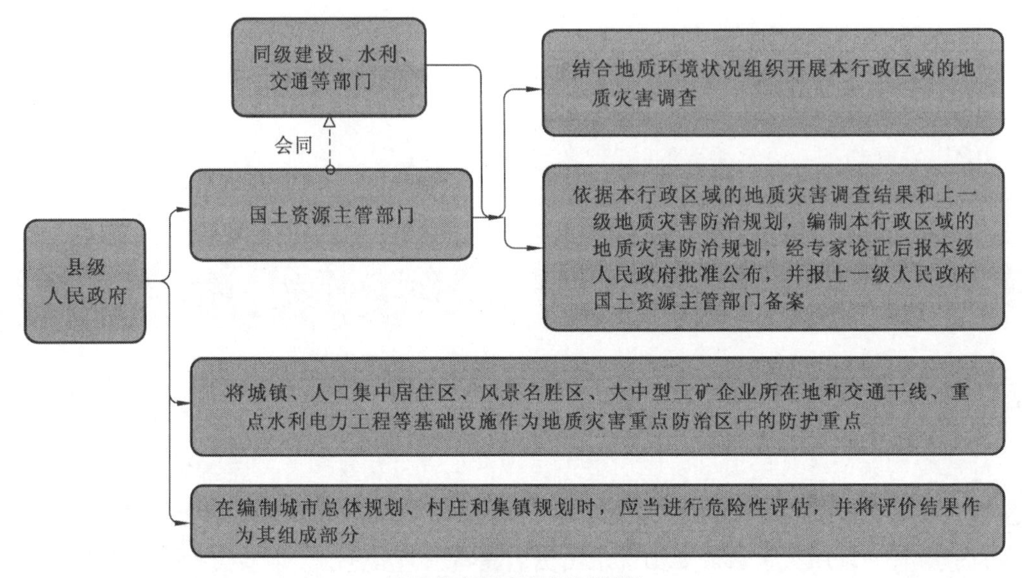

地质灾害调查与规划流程

◎地质灾害监测预报

在地质灾害调查规划结束后，还需要对地质灾害开展监测预报工作，尽可能减少地质灾害造成的损失。这项工作主要由国土资源主管部门会同建设、水利、交通等部门协同开展，并与气象主管部门联合发布地质灾害预报信息。目前，我国有些地区已建立了地质灾害气象监测预报预警系统，通过对降雨等气象资料进行实时监测以发现可能造成地质灾害的气象条件。

◎地质灾害危险性评估

在地质灾害易发区进行工程建设，或者进行城市、村庄（尤其是位于山区的城市、村庄）建设时，需要开展建设工程地质灾害危险性评估，主要依据原中华人民共和国国土资源部发布的《地质灾害危险性评估规范》（DZ/T 0286—2015），在满足相关要求后方可开展建设工作。开展地质灾害危险性评估，并形成地质灾害危险性评估报告，为工程建设提供保障，其具体流程如下：

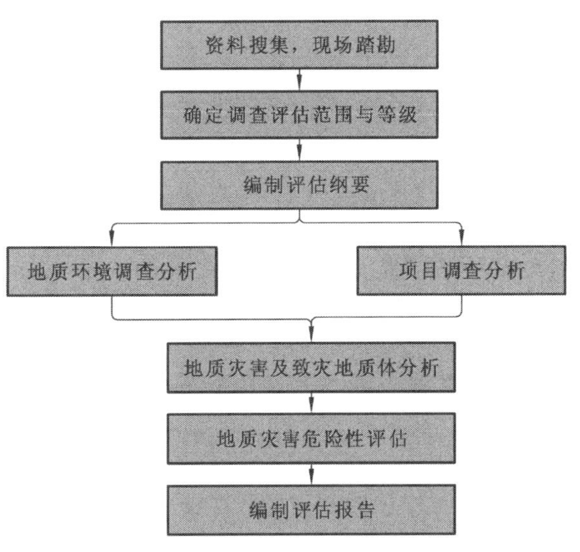

地质灾害危险性评估流程图

◎地质灾害危险区管理

当发现有地质灾害前兆、可能造成人员伤亡或者重大财产损失的区域和地段时，有关部门该如何开展工作呢？险情解除后又怎么做呢？这就需要我们正确了解地质灾害危险区是如何划分的、划分后又该采取哪些措施有效避灾，具体过程如下：

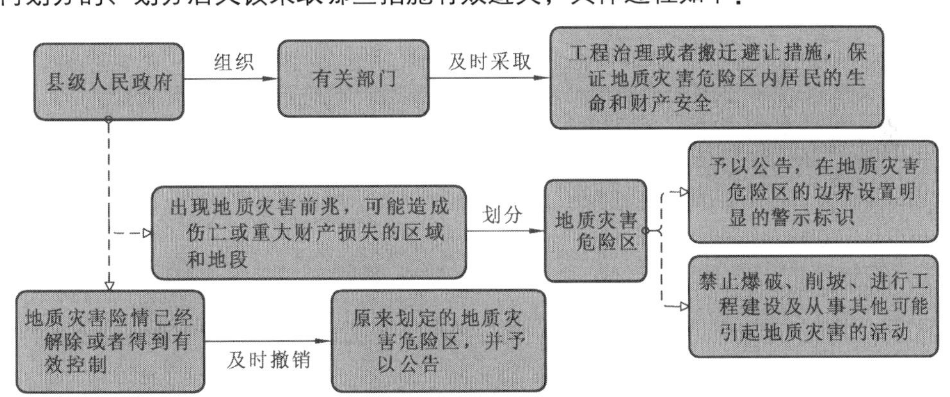

地质灾害危险区管理流程图

其中，地质灾害危险区是指已经出现地质灾害迹象，很可能发生地质灾害且将造成人员伤亡和经济损失的区域或者地段。具体的范围由县级人民政府划定后及时公告。实际上，地质灾害危险区可分为两个区域："灾源区"是可能发生崩塌、滑坡、泥石流等地质现象的区域；"成灾危险区"是可能因崩塌、滑坡、泥石流等地质现象的发生而遭受损失的区域。

◎地质灾害应急

俗话说"预则立，不预则废"。对于地质灾害也是如此，在地质灾害发生前，需编制突发性地质灾害应急预案。地质灾害应急预案包括哪些内容呢？其实，地质灾害应急需要各有关部门通力协作，及时采取避灾措施。遇到险情时，各级部门根据各自职能不同相互协作，共同开展地质灾害应急处置工作，应急处置流程如下图所示。

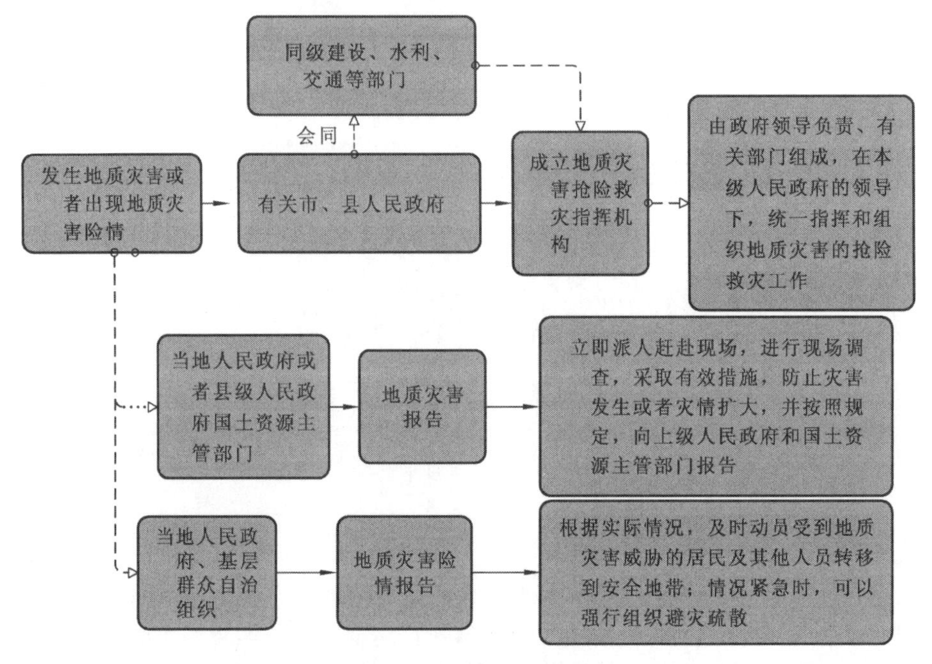

地质灾害应急处置流程图

需要注意的是，县级地方人民政府国土资源主管部门会同同级建设、水利、交通等部门拟订本行政区域的突发性地质灾害应急预案，报本级人民政府批准后公布。

当地质灾害发生时，如何根据地质灾害应急预案开展工作呢?

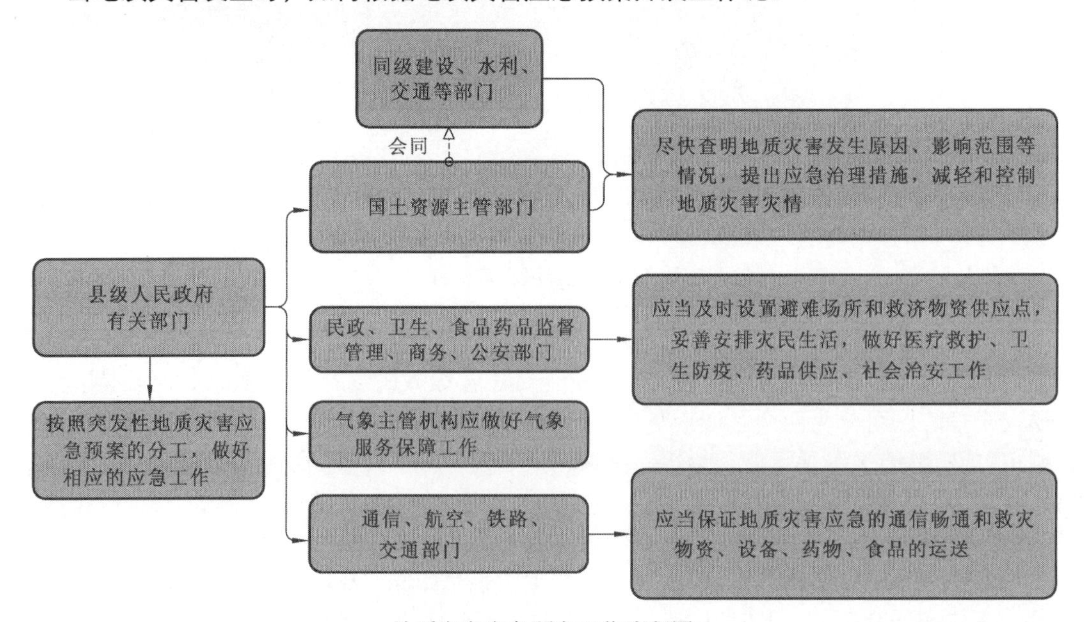

地质灾害应急预案工作流程图

同时，根据地质灾害应急处理的需要，县级人民政府应当紧急调集人员，调用物资、交通工具和相关的设施、设备；必要时，可以根据需要在抢险救灾区域范围内采取交通管制等措施。因救灾需要，临时调用单位和个人的物资、设施、设备或者占用其房屋、土地的，事后应当及时归还；无法归还或者造成损失的，应当给予相应的补偿。

◎地质灾害责任界定与追责

地质灾害的产生，往往是自然和人为因素共同作用的结果，其成因的界定具有复杂性和主观性，因此，不能排除专家对成因分析的偏差，地质灾害责任人可按照有关规定提出行政复议和行政诉讼，这有助于实事求是地开展地质灾害成因分析及责任界定工作。发生了地质灾害后，我们该如何追责呢？这就需要我们弄清楚是谁的责任、怎样确定责任单位并根据有关规定承担治理责任，具体责任判断流程如下所示。

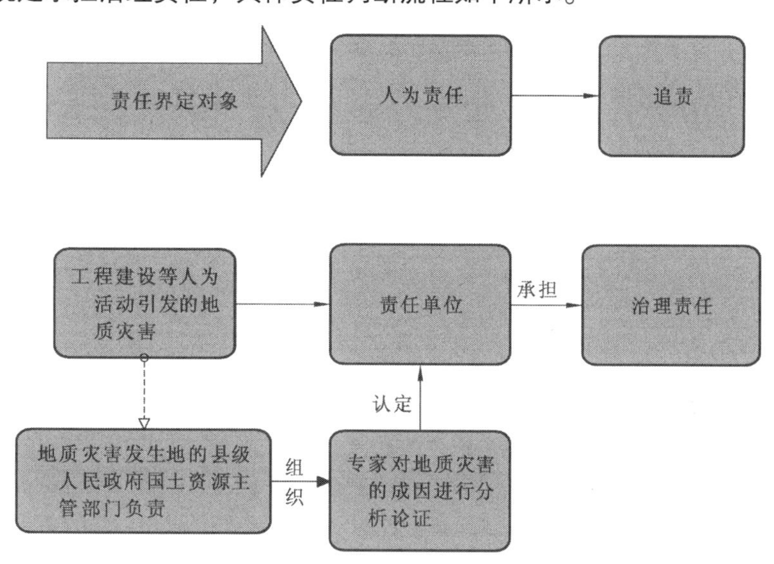

地质灾害责任界定与处理流程图

地质灾害治理责任主要包括：

（1）提供地质灾害治理所需费用；

（2）制订或者委托制订地质灾害治理方案；

（3）向主管部门报送地质灾害治理方案；

（4）承担或者委托承担地质灾害治理工程。

国家层面的地质灾害防治法规和行业技术规范

各级地方政府根据 1999 年由国土资源部颁布的《地质灾害防治管理办法》和 2003 年由国务院颁布的《地质灾害防治条例》，结合各地区的实际情况相继出台了一系列地质灾害防治有关的文件，不断完善了地质灾害防治法律制度。下面列出了近年来国务院、原国土资源部下发的有关地质灾害方面的重要文件及行业制定的技术规范。

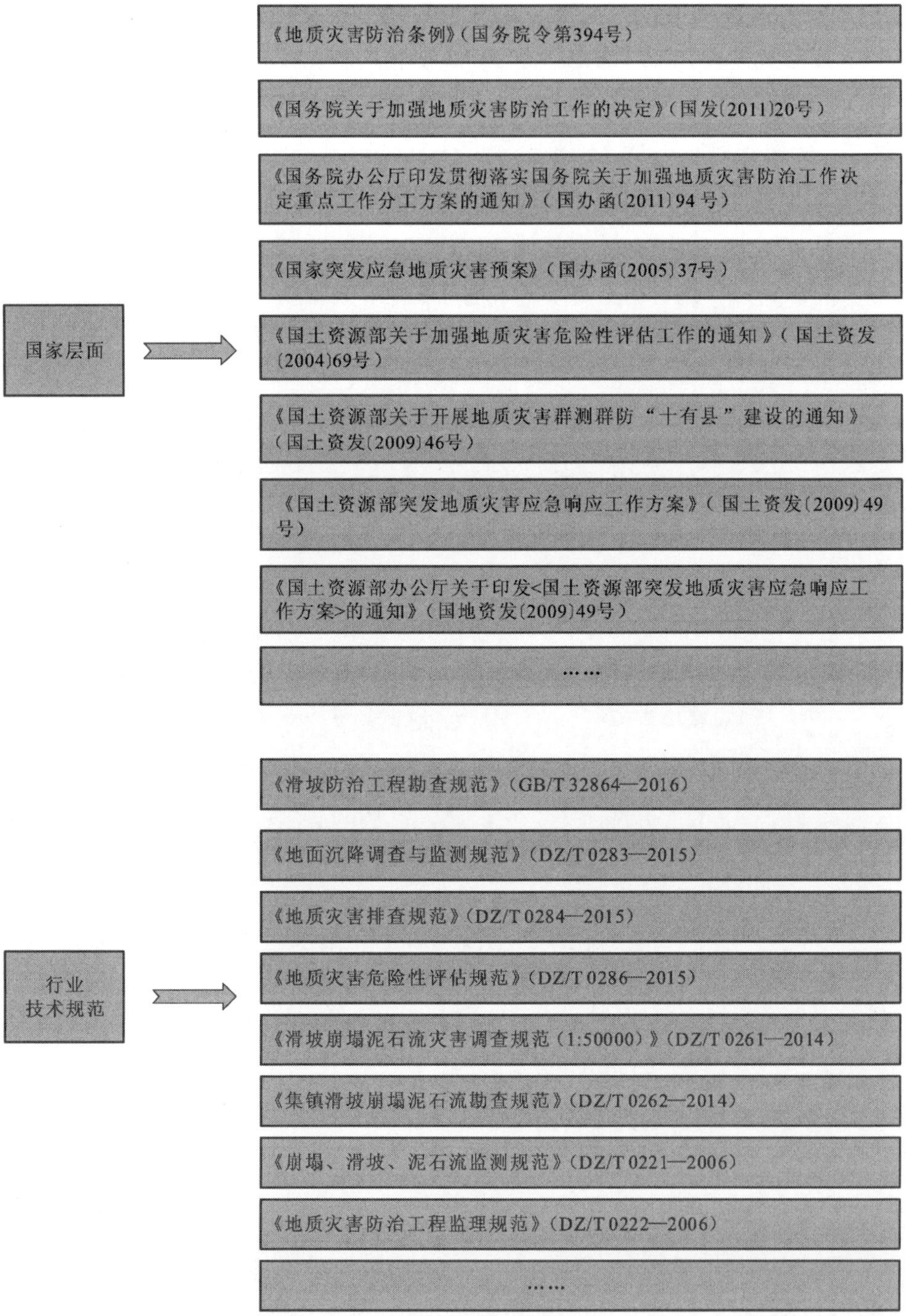

国家层面

《地质灾害防治条例》（国务院令第394号）

《国务院关于加强地质灾害防治工作的决定》（国发〔2011〕20号）

《国务院办公厅印发贯彻落实国务院关于加强地质灾害防治工作决定重点工作分工方案的通知》（国办函〔2011〕94号）

《国家突发应急地质灾害预案》（国办函〔2005〕37号）

《国土资源部关于加强地质灾害危险性评估工作的通知》（国土资发〔2004〕69号）

《国土资源部关于开展地质灾害群测群防“十有县”建设的通知》（国土资发〔2009〕46号）

《国土资源部突发地质灾害应急响应工作方案》（国土资发〔2009〕49号）

《国土资源部办公厅关于印发<国土资源部突发地质灾害应急响应工作方案>的通知》（国地资发〔2009〕49号）

……

行业技术规范

《滑坡防治工程勘查规范》（GB/T 32864—2016）

《地面沉降调查与监测规范》（DZ/T 0283—2015）

《地质灾害排查规范》（DZ/T 0284—2015）

《地质灾害危险性评估规范》（DZ/T 0286—2015）

《滑坡崩塌泥石流灾害调查规范（1:50000）》（DZ/T 0261—2014）

《集镇滑坡崩塌泥石流勘查规范》（DZ/T 0262—2014）

《崩塌、滑坡、泥石流监测规范》（DZ/T 0221—2006）

《地质灾害防治工程监理规范》（DZ/T 0222—2006）

……

现行地质灾害相关法规

三峡库区几个重要的地质灾害防治规定及技术要求

三峡工程作为我国具有防洪、发电、航运功能的重要水利工程，也是世界上规模最大的水电站，于 2010 年 10 月正式蓄水至 175 米。由于长江三峡库区沿江两岸地势陡峭，地质条件复杂，历史上地质灾害就比较发育，加之降雨及水库正常运行（库水位在 145～175 米周期性变动）的影响，地质灾害较前期更加严重。由于三峡库区的特殊性，为了对三峡库区地质灾害开展有效防治，在开展该地区地质灾害防治时，三峡库区地质灾害防治工作领导小组办公室又根据其特点编制了《三峡库区滑坡灾害预警预报手册》《三峡库区地质灾害防治崩塌滑坡专业监测预警工作职责及相关工作程序的暂行规定》《三峡库区地质灾害防治专业监测预警工程竣工验收办法》《三峡库区地质灾害防治专业监测预警工程文件归档整理规定》《三峡库区地质灾害防治专业监测预警工程建设质量检验评定标准》《三峡库区地质灾害监测预警工程群测群防系统建设竣工验收办法》《三峡库区地质灾害监测预警工程群测群防监测系统建设及监测运行技术要求》《三峡库区地质灾害防治群测群防预警工程文件归档整理规定》《三峡库区地质灾害防治工程设计技术要求》《三峡库区地质灾害治理工程文件归档整理规定》《三峡库区地质灾害防治工程地质勘查技术要求》等技术要求。

附录一 《国务院关于加强地质灾害防治工作的决定》

国发〔2011〕20号

各省、自治区、直辖市人民政府，国务院各部委、各直属机构：

我国是世界上地质灾害最严重、受威胁人口最多的国家之一，地质条件复杂，构造活动频繁，崩塌、滑坡、泥石流、地面塌陷、地面沉降、地裂缝等灾害隐患多、分布广，且隐蔽性、突发性和破坏性强，防范难度大。特别是近年来受极端天气、地震、工程建设等因素影响，地质灾害多发频发，给人民群众生命财产造成严重损失。为进一步加强地质灾害防治工作，特作如下决定。

一、指导思想、基本原则和工作目标

（一）指导思想。全面贯彻党的十七大和十七届三中、四中、五中全会精神，以邓小平理论和“三个代表”重要思想为指导，全面贯彻落实科学发展观，将“以人为本”的理念贯穿于地质灾害防治工作各个环节，以保护人民群众生命财产安全为根本，以建立健全地质灾害调查评价体系、监测预警体系、防治体系、应急体系为核心，强化全社会地质灾害防范意识和能力，科学规划，突出重点，整体推进，全面提高我国地质灾害防治水平。

（二）基本原则。坚持属地管理、分级负责，明确地方政府的地质灾害防治主体责任，做到政府组织领导、部门分工协作、全社会共同参与；坚持预防为主、防治结合，科学运用监测预警、搬迁避让和工程治理等多种手段，有效规避灾害风险；坚持专群结合、群测群防，充分发挥专业监测机构作用，紧紧依靠广大基层群众全面做好地质灾害防治工作；坚持谁引发、谁治理，对工程建设引发的地质灾害隐患明确防灾责任单位，切实落实防范治理责任；坚持统筹规划、综合治理，在加强地质灾害防治的同时，协调推进山洪等其他灾害防治及生态环境治理工作。

（三）工作目标。“十二五”期间，完成地质灾害重点防治区灾害调查任务，全面查清地质灾害隐患的基本情况；基本完成三峡库区、汶川和玉树地震灾区、地质灾害高易发区重大地质灾害隐患点的工程治理或搬迁避让；对其他隐患点，积极开展专群结合的监测预警，灾情、险情得到及时监控和有效处置。到2020年，全面建成地质灾害调查评价体系、监测预警体系、防治体系和应急体系，基本消除特大型地质灾害隐患点的威胁，使灾害造成的人员伤亡和财产损失明显减少。

二、全面开展隐患调查和动态巡查

（四）加强调查评价。以县为单元在全国范围全面开展山洪、地质灾害调查评价工作，重点提高汶川、玉树地震灾区以及三峡库区、西南山区、西北黄土区、东南沿海等地区的调查工作程度，加大对人口密集区、重要军民设施周边地质灾害危险性的评价力度。调查评价结果要及时提交当地县级以上人民政府，作为灾害防治工作的基础依据。

（五）强化重点勘查。对可能威胁城镇、学校、医院、集市和村庄、部队营区等人口密集区域及饮用水源地，隐蔽性强、地质条件复杂的重大隐患点，要组织力量进行详细勘查，查明灾害成因、危害程度，掌握其发展变化规律，并逐点制定落实监测防治措施。

（六）开展动态巡查。地质灾害易发区县级人民政府要建立健全隐患排查制度，组织对本地区地质灾害隐患点开展经常性巡回检查，对重点防治区域每年开展汛前排查、汛中检查和汛后核查，及时消除灾害隐患，并将排查结果及防灾责任单位及时向社会公布。省、市两级人民政府和相关部门要加强对县级人民政府隐患排查工作的督促指导，对基层难以确定的隐患，要及时组织专业部门进行现场核查确认。

三、加强监测预报预警

（七）完善监测预报网络。各地区要加快构建国土、气象、水利等部门联合的监测预警信息共享平台，建立预报会商和预警联动机制。对城镇、乡村、学校、医院及其他企事业单位等人口密集区上游易发生滑坡、山洪、泥石流的高山峡谷地带，要加密部署气象、水文、地质灾害等专业监测设备，加强监测预报，确保及时发现险情、及时发出预警。

（八）加强预警信息发布手段建设。进一步完善国家突发公共事件预警信息发布系统，建立国家应急广播体系，充分利用广播、电视、互联网、手机短信、电话、宣传车和电子显示屏等各种媒体和手段，及时发布地质灾害预警信息。重点加强农村山区等偏远地区紧急预警信息发布手段建设，并因地制宜地利用有线广播、高音喇叭、鸣锣吹哨、逐户通知等方式，将灾害预警信息及时传递给受威胁群众。

（九）提高群测群防水平。地质灾害易发区的县、乡两级人民政府要加强群测群防的组织领导，健全以村干部和骨干群众为主体的群测群防队伍。引导、鼓励基层社区、村组成立地质灾害联防联控互助组织。对群测群防员给予适当经费补贴，并配备简便实用的监测预警设备。组织相关部门和专业技术人员加强对群测群防员等的防灾知识技能培训，不断增强其识灾报灾、监测预警和临灾避险应急能力。

四、有效规避灾害风险

（十）严格地质灾害危险性评估。在地质灾害易发区内进行工程建设，要严格按规定开展地质灾害危险性评估，严防人为活动诱发地质灾害。强化资源开发中的生态保护与监管，开展易灾地区生态环境监测评估。各地区、各有关部门编制城市总体规划、村庄和集镇规划、基础设施专项规划时，要加强对规划区地质灾害危险性评估，合理确定项目选址、布局，切实避开危险区域。

（十一）快速有序组织临灾避险。对出现灾害前兆、可能造成人员伤亡和重大财产损失的区域和地段，县级人民政府要及时划定地质灾害危险区，向社会公告并设立明显的警示标志；要组织制定防灾避险方案，明确防灾责任人、预警信号、疏散路线及临时安置场所等。遇台风、强降雨等恶劣天气及地震灾害发生时，要组织力量严密监测隐患发展变化，紧急情况下，当地人民政府、基层群测群防组织要迅速启动防灾避险方案，及时有序组织群众安全转移，并在原址设立警示标志，避免人员进入造成伤亡。在安排临时转移群众返回原址居住前，要对灾害隐患进行安全评估，落实监测预警等防范措施。

（十二）加快实施搬迁避让。地方各级人民政府要把地质灾害防治与扶贫开发、生态移民、新农村建设、小城镇建设、土地整治等有机结合起来，统筹安排资金，有计划、有步骤地加快地质灾害危险区内群众搬迁避让，优先搬迁危害程度高、治理难度大的地质灾害隐患点周边群众。要加强对搬迁安置点的选址评估，确保新址不受地质灾害威胁，并为搬迁群众提供长远生产、生活条件。

五、综合采取防治措施

（十三）科学开展工程治理。对一时难以实施搬迁避让的地质灾害隐患点，各地区要加快开展工程治理，充分发挥专家和专业队伍作用，科学设计，精心施工，保证工程质量，提高资金使用效率。各级国土资源、发展改革、财政等相关部门，要加强对工程治理项目的支持和指导监督。

（十四）加快地震灾区、三峡库区地质灾害防治。针对汶川、玉树等地震对灾区地质环境造成的严重破坏，在全面开展地震影响区地质灾害详细调查评价的基础上，抓紧编制实施地质灾害防治专项规划，对重大隐患点进行严密监测，及时采取搬迁避让、工程治理等防治措施，防止造成重大人员伤亡和财产损失。组织实施好三峡库区地质灾害防治工作，妥善解决二、三期地质灾害防治遗留问题，重点加强对水位涨落引发的滑坡、崩塌监测预警和应急处置。

（十五）加强重要设施周边地质灾害防治。对交通干线、水利枢纽、输供电输油（气）设施等重要设施及军事设施周边重大地质灾害隐患，有关部门和企业要及时采取防治措施，确保安全。经评估论证需采取地质灾害防治措施的工程项目，建设单位必须在主体工程建设的同时，实施地质灾害防护工程。各施工企业要加强对工地周边地质灾害隐患的监测预警，制定防灾预案，切实保证在建工程和施工人员安全。

（十六）积极开展综合治理。各地区要组织国土资源、发展改革、财政、环境保护、水利、农业、安全监管、林业、气象等相关部门，统筹各方资源抓好地质灾害防治、矿山地质环境治理恢复、水土保持、山洪灾害防治、中小河流治理和病险水库除险加固、尾矿库隐患治理、易灾地区生态环境治理等各项工作，切实提高地质灾害综合治理水平。要编制实施相关规划，合理安排非工程措施和工程措施，适当提高山区城镇、乡村的地质灾害设防标准。

（十七）建立健全地面沉降、塌陷及地裂缝防控机制。建立相关部门、地方政府地面沉降防控共同责任制，完善重点地区地面沉降监测网络，实行地面沉降与地下水开采联防联控，重点加强对长江三角洲、华北地区和汾渭地区地下水开采管理，合理实施地下水禁采、限采措施和人工回灌等工程，建立地面沉降防治示范区，遏制地面沉降、地裂缝进一步加剧。在深入调查的基础上，划定地面塌陷易发区、危险区，强化防护措施。制定地下工程活动和地下空间管理办法，严格审批程序，防止矿产开采、地下水抽采和其他地下工程建设以及地下空间使用不当等引发地面沉降、塌陷及地裂缝等灾害。

六、加强应急救援工作

（十八）提高地质灾害应急能力。地方各级人民政府要结合地质灾害防治工作实际，加强应急救援体系建设，加快组建专群结合的应急救援队伍，配备必要的交通、通信和专业设备，形成高效的应急工作机制。进一步修订完善突发地质灾害应急预案，制定严密、科学的应急工作流程。建设完善应急避难场所，加强必要的生活物资和医疗用品储备，定期组织应急预案演练，提高有关各方协调联动和应急处置能力。

（十九）强化基层地质灾害防范。地质灾害易发区要充分发挥基层群众熟悉情况的优势，大力支持和推进乡、村地质灾害监测、巡查、预警、转移避险等应急能力建设。在地质灾害重点防范期内，乡镇人民政府、基层群众自治组织要加强对地质灾害隐患的巡回检查，对威胁学校、医院、村庄、集市、企事业单位等人员密集场所的重大隐患点，要安排专人盯守巡查，并于每年汛期前至少组织一次应急避险演练。

（二十）做好突发地质灾害的抢险救援。地方各级人民政府要切实做好突发地质灾害的抢险救援工作，加强综合协调，快速高效做好人员搜救、灾情调查、险情分析、次生灾害防范等应急处置工作。要妥善安排受灾群众生活、医疗和心理救助，全力维护灾区社会稳定。

七、健全保障机制

（二十一）完善和落实法规标准。全面落实《地质灾害防治条例》，地质灾害易发区要抓紧制定完善地方性配套法规规章，健全地质灾害防治法制体系。抓紧修订地质灾害调查评价、危险性评估与风险区划、监测预警和应急处置的规范标准，完善地质灾害治理工程勘查、设计、施工、监理、危险性评估等技术要求和规程。

（二十二）加强地质灾害防治队伍建设。地质灾害易发区省、市、县级人民政府要建立健全与本地区地质灾害防治需要相适应的专业监测、应急管理和技术保障队伍，加大资源整合和经费保障力度，确保各项工作正常开展。支持高等院校、科研院所加大地质灾害防治专业技术人才培养力度，对长期在基层一线从事地质灾害调查、监测等防治工作的专业技术人员，在职务、职称等方面给予政策倾斜。

（二十三）加大资金投入和管理。国家设立的特大型地质灾害防治专项资金，用于开展全国地质灾害调查评价，实施重大隐患点的监测预警、勘查、搬迁避让、工程治理和应急处置，支持群测群防体系建设、科普宣教和培训工作。地方各级人民政府要将地质灾害防治费用和群测群防员补助资金纳入财政保障范围，根据本地实际，增加安排用于地质灾害防治工作的财政投入。同时，要严格资金管理，确保地质灾害防治资金专款专用。各地区要探索制定优惠政策，鼓励、吸引社会资金投入地质灾害防治工作。

（二十四）积极推进科技创新。国家和地方相关科技计划（基金、专项）等要加大对地质灾害防治领域科学研究和技术创新的支持力度，加强对复杂山体成灾机理、灾害风险分析、灾害监测与治理技术、地震对地质灾害影响评价等方面的研究。积极采用地理信息、全球定位、卫星通信、遥感遥测等先进技术手段，探索运用物联网等前沿技术，提升地质灾害调查评价、监测预警的精度和效率。鼓励地质灾害预警和应急指挥、救援关键技术装备的研制，推广应用生命探测、大型挖掘起重破障、物探钻探及大功率水泵等先进适用装备，提高抢险救援和应急处置能力。加强国际交流与合作，学习借鉴国外先进的地质灾害防治理论和技术方法。

（二十五）深入开展科普宣传和培训教育。各地区、各有关部门要广泛开展地质灾害识灾防灾、灾情报告、避险自救等知识的宣传普及，增强全社会预防地质灾害的意识和自我保护能力。地质灾害易发区要定期组织机关干部、基层组织负责人和骨干群众参加地质灾害防治知识培训，加强对中小学学生地质灾害防治知识的教育和技能演练；市、县、乡级政府负责人要全面掌握本地区地质灾害情况，切实增强灾害防治及抢险救援指挥能力。

八、加强组织领导和协调

（二十六）切实加强组织领导。地方各级人民政府要把地质灾害防治工作列入重要议事日程，纳入政府绩效考核，考核结果作为领导班子和领导干部综合考核评价的重要内容。要加强对地质灾害防治工作的领导，地方政府主要负责人对本地区地质灾害防治工作负总责，建立完善逐级负责制，确保防治责任和措施层层落到实处。地质灾害易发区要把地质灾害防治作为市、县、乡级政府分管领导及主管部门负责人任职等谈话的重要内容，督促检查防灾责任落实情况。对在地质灾害防范和处置中玩忽职守，致使工作不到位，造成重大人员伤亡和财产损失的，要依法依规严肃追究行政领导和相关责任人的责任。

（二十七）加强沟通协调。各有关部门要各负其责、密切配合，加强与人民解放军、武警部队的沟通联络和信息共享，共同做好地质灾害防治工作。国土资源部门要加强对地质灾害防治工作的组织协调和指导监督；发展改革、教育、工业和信息化、民政、住房城乡建设、交通运输、铁道、水利、卫生、安全监管、电力监管、旅游等部门要按照职责分工，做好相关领域地质灾害防治工作的组织实施。

（二十八）构建全社会共同参与的地质灾害防治工作格局。广泛发动社会各方面力量积极参与地质灾害防治工作，紧紧依靠人民解放军、武警部队、民兵预备役、公安消防队伍等抢险救援骨干力量，切实发挥工会、共青团、妇联等人民团体在动员群众、宣传教育等方面的作用，鼓励公民、法人和其他社会组织共同关心、支持地质灾害防治事业。对在地质灾害防治工作中成绩显著的单位和个人，各级人民政府要给予表扬奖励。

国务院

二〇一一年六月十三日

附录二 《地质灾害防治条例》

（2003 年 11 月 19 日国务院第 29 次常务会议通过，2003 年 11 月 24 日中华人民共和国国务院令第 394 号公布，自 2004 年 3 月 1 日起施行）

第一章 总 则

第一条 为了防治地质灾害，避免和减轻地质灾害造成的损失，维护人民生命和财产安全，促进经济和社会的可持续发展，制定本条例。

第二条 本条例所称地质灾害，包括自然因素或者人为活动引发的危害人民生命和财产安全的山体崩塌、滑坡、泥石流、地面塌陷、地裂缝、地面沉降等与地质作用有关的灾害。

第三条 地质灾害防治工作，应当坚持预防为主、避让与治理相结合和全面规划、突出重点的原则。

第四条 地质灾害按照人员伤亡、经济损失的大小，分为四个等级：

（一）特大型：因灾死亡 30 人以上或者直接经济损失 1000 万元以上的；

（二）大型：因灾死亡 10 人以上 30 人以下或者直接经济损失 500 万元以上 1000 万元以下的；

（三）中型：因灾死亡 3 人以上 10 人以下或者直接经济损失 100 万元以上 500 万元以下的；

（四）小型：因灾死亡 3 人以下或者直接经济损失 100 万元以下的。

第五条 地质灾害防治工作，应当纳入国民经济和社会发展计划。

因自然因素造成的地质灾害的防治经费，在划分中央和地方事权和财权的基础上，分别列入中央和地方有关人民政府的财政预算。具体办法由国务院财政部门会同国务院国土资源主管部门制定。

因工程建设等人为活动引发的地质灾害的治理费用，按照谁引发、谁治理的原则由责任单位承担。

第六条 县级以上人民政府应当加强对地质灾害防治工作的领导，组织有关部门采取措施，做好地质灾害防治工作。

县级以上人民政府应当组织有关部门开展地质灾害防治知识的宣传教育，增强公众的地质灾害防治意识和自救、互救能力。

第七条 国务院国土资源主管部门负责全国地质灾害防治的组织、协调、指导和监督工作。国务院其他有关部门按照各自的职责负责有关的地质灾害防治工作。

县级以上地方人民政府国土资源主管部门负责本行政区域内地质灾害防治的组织、协调、指导和监督工作。县级以上地方人民政府其他有关部门按照各自的职责负责有关的地质灾害防治工作。

第八条 国家鼓励和支持地质灾害防治科学技术研究，推广先进的地质灾害防治技术，普及地质灾害防治的科学知识。

第九条 任何单位和个人对地质灾害防治工作中的违法行为都有权检举和控告。

在地质灾害防治工作中做出突出贡献的单位和个人，由人民政府给予奖励。

第二章 地质灾害防治规划

第十条 国家实行地质灾害调查制度。

国务院国土资源主管部门会同国务院建设、水利、铁路、交通等部门结合地质环境状况组织开展全国的地质灾害调查。

县级以上地方人民政府国土资源主管部门会同同级建设、水利、交通等部门结合地质环境状况组织开展本行政区域的地质灾害调查。

第十一条 国务院国土资源主管部门会同国务院建设、水利、铁路、交通等部门，依据全国地质灾害调查结果，编制全国地质灾害防治规划，经专家论证后报国务院批准公布。

县级以上地方人民政府国土资源主管部门会同同级建设、水利、交通等部门，依据本行政区域的地质灾害调查结果和上一级地质灾害防治规划，编制本行政区域的地质灾害防治规划，经专家论证后报本级人民政府批准公布，并报上一级人民政府国土资源主管部门备案。

修改地质灾害防治规划，应当报经原批准机关批准。

第十二条 地质灾害防治规划包括以下内容：

（一）地质灾害现状和发展趋势预测；

（二）地质灾害的防治原则和目标；

（三）地质灾害易发区、重点防治区；

（四）地质灾害防治项目；

（五）地质灾害防治措施等。

县级以上人民政府应当将城镇、人口集中居住区、风景名胜区、大中型工矿企业所在地和交通干线、重点水利电力工程等基础设施作为地质灾害重点防治区中的防护重点。

第十三条 编制和实施土地利用总体规划、矿产资源规划以及水利、铁路、交通、能源等重大建设工程项目规划，应当充分考虑地质灾害防治要求，避免和减轻地质灾害造成的损失。

编制城市总体规划、村庄和集镇规划，应当将地质灾害防治规划作为其组成部分。

第三章 地质灾害预防

第十四条 国家建立地质灾害监测网络和预警信息系统。

县级以上人民政府国土资源主管部门应当会同建设、水利、交通等部门加强对地质灾害险情的动态监测。

因工程建设可能引发地质灾害的，建设单位应当加强地质灾害监测。

第十五条 地质灾害易发区的县、乡、村应当加强地质灾害的群测群防工作。在地质灾害重点防范期内，乡镇人民政府、基层群众自治组织应当加强地质灾害险情的巡回检查，发现险情及时处理和报告。

国家鼓励单位和个人提供地质灾害前兆信息。

第十六条　国家保护地质灾害监测设施。任何单位和个人不得侵占、损毁、损坏地质灾害监测设施。

第十七条　国家实行地质灾害预报制度。预报内容主要包括地质灾害可能发生的时间、地点、成灾范围和影响程度等。

地质灾害预报由县级以上人民政府国土资源主管部门会同气象主管机构发布。

任何单位和个人不得擅自向社会发布地质灾害预报。

第十八条　县级以上地方人民政府国土资源主管部门会同同级建设、水利、交通等部门依据地质灾害防治规划，拟订年度地质灾害防治方案，报本级人民政府批准后公布。

年度地质灾害防治方案包括下列内容：

（一）主要灾害点的分布；

（二）地质灾害的威胁对象、范围；

（三）重点防范期；

（四）地质灾害防治措施；

（五）地质灾害的监测、预防责任人。

第十九条　对出现地质灾害前兆、可能造成人员伤亡或者重大财产损失的区域和地段，县级人民政府应当及时划定为地质灾害危险区，予以公告，并在地质灾害危险区的边界设置明显警示标志。

在地质灾害危险区内，禁止爆破、削坡、进行工程建设以及从事其他可能引发地质灾害的活动。

县级以上人民政府应当组织有关部门及时采取工程治理或者搬迁避让措施，保证地质灾害危险区内居民的生命和财产安全。

第二十条　地质灾害险情已经消除或者得到有效控制的，县级人民政府应当及时撤销原划定的地质灾害危险区，并予以公告。

第二十一条　在地质灾害易发区内进行工程建设应当在可行性研究阶段进行地质灾害危险性评估，并将评估结果作为可行性研究报告的组成部分；可行性研究报告未包含地质灾害危险性评估结果的，不得批准其可行性研究报告。

编制地质灾害易发区内的城市总体规划、村庄和集镇规划时，应当对规划区进行地质灾害危险性评估。

第二十二条　国家对从事地质灾害危险性评估的单位实行资质管理制度。地质灾害危险性评估单位应当具备下列条件，经省级以上人民政府国土资源主管部门资质审查合格，取得国土资源主管部门颁发的相应等级的资质证书后，方可在资质等级许可的范围内从事地质灾害危险性评估业务：

（一）有独立的法人资格；

（二）有一定数量的工程地质、环境地质和岩土工程等相应专业的技术人员；

（三）有相应的技术装备。

地质灾害危险性评估单位进行评估时，应当对建设工程遭受地质灾害危害的可能性和该工程建设中、建成后引发地质灾害的可能性做出评价，提出具体的预防治理措施，并对评估结果负责。

第二十三条 禁止地质灾害危险性评估单位超越其资质等级许可的范围或者以其他地质灾害危险性评估单位的名义承揽地质灾害危险性评估业务。

禁止地质灾害危险性评估单位允许其他单位以本单位的名义承揽地质灾害危险性评估业务。

禁止任何单位和个人伪造、变造、买卖地质灾害危险性评估资质证书。

第二十四条 对经评估认为可能引发地质灾害或者可能遭受地质灾害危害的建设工程，应当配套建设地质灾害治理工程。地质灾害治理工程的设计、施工和验收应当与主体工程的设计、施工、验收同时进行。

配套的地质灾害治理工程未经验收或者经验收不合格的，主体工程不得投入生产或者使用。

第四章　地质灾害应急

第二十五条 国务院国土资源主管部门会同国务院建设、水利、铁路、交通等部门拟订全国突发性地质灾害应急预案，报国务院批准后公布。

县级以上地方人民政府国土资源主管部门会同同级建设、水利、交通等部门拟订本行政区域的突发性地质灾害应急预案，报本级人民政府批准后公布。

第二十六条 突发性地质灾害应急预案包括下列内容：

（一）应急机构和有关部门的职责分工；

（二）抢险救援人员的组织和应急、救助装备、资金、物资的准备；

（三）地质灾害的等级与影响分析准备；

（四）地质灾害调查、报告和处理程序；

（五）发生地质灾害时的预警信号、应急通信保障；

（六）人员财产撤离、转移路线、医疗救治、疾病控制等应急行动方案。

第二十七条 发生特大型或者大型地质灾害时，有关省、自治区、直辖市人民政府应当成立地质灾害抢险救灾指挥机构。必要时，国务院可以成立地质灾害抢险救灾指挥机构。

发生其他地质灾害或者出现地质灾害险情时，有关市、县人民政府可以根据地质灾害抢险救灾工作的需要，成立地质灾害抢险救灾指挥机构。

地质灾害抢险救灾指挥机构由政府领导负责、有关部门组成，在本级人民政府的领导下，统一指挥和组织地质灾害的抢险救灾工作。

第二十八条 发现地质灾害险情或者灾情的单位和个人，应当立即向当地人民政府或者国土资源主管部门报告。其他部门或者基层群众自治组织接到报告的，应当立即转报当地人民政府。

当地人民政府或者县级人民政府国土资源主管部门接到报告后，应当立即派人赶赴现场，进行现场调查，采取有效措施，防止灾害发生或者灾情扩大，并按照国务院国土资源主管部门关于地质灾害灾情分级报告的规定，向上级人民政府和国土资源主管部门报告。

第二十九条 接到地质灾害险情报告的当地人民政府、基层群众自治组织应当根据实际情况，及时动员受到地质灾害威胁的居民以及其他人员转移到安全地带；情况紧急时，可以强行组织避灾疏散。

第三十条 地质灾害发生后，县级以上人民政府应当启动并组织实施相应的突发性地质灾害应急预案。有关地方人民政府应当及时将灾情及其发展趋势等信息报告上级人民政府。

禁止隐瞒、谎报或者授意他人隐瞒、谎报地质灾害灾情。

第三十一条 县级以上人民政府有关部门应当按照突发性地质灾害应急预案的分工，做好相应的应急工作。

国土资源主管部门应当会同同级建设、水利、交通等部门尽快查明地质灾害发生原因、影响范围等情况，提出应急治理措施，减轻和控制地质灾害灾情。

民政、卫生、食品药品监督管理、商务、公安部门，应当及时设置避难场所和救济物资供应点，妥善安排灾民生活，做好医疗救护、卫生防疫、药品供应、社会治安工作；气象主管机构应当做好气象服务保障工作；通信、航空、铁路、交通部门应当保证地质灾害应急的通信畅通和救灾物资、设备、药物、食品的运送。

第三十二条 根据地质灾害应急处理的需要，县级以上人民政府应当紧急调集人员，调用物资、交通工具和相关的设施、设备；必要时，可以根据需要在抢险救灾区域范围内采取交通管制等措施。

因救灾需要，临时调用单位和个人的物资、设施、设备或者占用其房屋、土地的，事后应当及时归还；无法归还或者造成损失的，应当给予相应的补偿。

第三十三条 县级以上地方人民政府应当根据地质灾害灾情和地质灾害防治需要，统筹规划、安排受灾地区的重建工作。

第五章 地质灾害治理

第三十四条 因自然因素造成的特大型地质灾害，确需治理的，由国务院国土资源主管部门会同灾害发生地的省、自治区、直辖市人民政府组织治理。

因自然因素造成的其他地质灾害，确需治理的，在县级以上地方人民政府的领导下，由本级人民政府国土资源主管部门组织治理。

因自然因素造成的跨行政区域的地质灾害，确需治理的，由所跨行政区域的地方人民政府国土资源主管部门共同组织治理。

第三十五条 因工程建设等人为活动引发的地质灾害，由责任单位承担治理责任。

责任单位由地质灾害发生地的县级以上人民政府国土资源主管部门负责组织专家对地质灾害的成因进行分析论证后认定。

对地质灾害的治理责任认定结果有异议的，可以依法申请行政复议或者提起行政诉讼。

第三十六条 地质灾害治理工程的确定，应当与地质灾害形成的原因、规模以及对人民生命和财产安全的危害程度相适应。

承担专项地质灾害治理工程勘查、设计、施工和监理的单位，应当具备下列条件，经省级以上人民政府国土资源主管部门资质审查合格，取得国土资源主管部门颁发的相应等级的资质证书后，方可在资质等级许可的范围内从事地质灾害治理工程的勘查、设计、施工和监理活动，并承担相应的责任：

（一）有独立的法人资格；

（二）有一定数量的水文地质、环境地质、工程地质等相应专业的技术人员；

（三）有相应的技术装备；

（四）有完善的工程质量管理制度。

地质灾害治理工程的勘查、设计、施工和监理应当符合国家有关标准和技术规范。

第三十七条 禁止地质灾害治理工程勘查、设计、施工和监理单位超越其资质等级许可的范围或者以其他地质灾害治理工程勘查、设计、施工和监理单位的名义承揽地质灾害治理工程勘查、设计、施工和监理业务。

禁止地质灾害治理工程勘查、设计、施工和监理单位允许其他单位以本单位的名义承揽地质灾害治理工程勘查、设计、施工和监理业务。

禁止任何单位和个人伪造、变造、买卖地质灾害治理工程勘查、设计、施工和监理资质证书。

第三十八条 政府投资的地质灾害治理工程竣工后，由县级以上人民政府国土资源主管部门组织竣工验收。其他地质灾害治理工程竣工后，由责任单位组织竣工验收；竣工验收时，应当有国土资源主管部门参加。

第三十九条 政府投资的地质灾害治理工程经竣工验收合格后，由县级以上人民政府国土资源主管部门指定的单位负责管理和维护；其他地质灾害治理工程经竣工验收合格后，由负责治理的责任单位负责管理和维护。

任何单位和个人不得侵占、损毁、损坏地质灾害治理工程设施。

第六章　法律责任

第四十条 违反本条例规定，有关县级以上地方人民政府、国土资源主管部门和其他有关部门有下列行为之一的，对直接负责的主管人员和其他直接责任人员，依法给予降级或者撤职的行政处分；造成地质灾害导致人员伤亡和重大财产损失的，依法给予开除的行政处分；构成犯罪的，依法追究刑事责任：

（一）未按照规定编制突发性地质灾害应急预案，或者未按照突发性地质灾害应急预案的要求采取有关措施、履行有关义务的；

（二）在编制地质灾害易发区内的城市总体规划、村庄和集镇规划时，未按照规定对规划区进行地质灾害危险性评估的；

（三）批准未包含地质灾害危险性评估结果的可行性研究报告的；

（四）隐瞒、谎报或者授意他人隐瞒、谎报地质灾害灾情，或者擅自发布地质灾害预报的；

（五）给不符合条件的单位颁发地质灾害危险性评估资质证书或者地质灾害治理工程勘查、设计、施工、监理资质证书的；

（六）在地质灾害防治工作中有其他渎职行为的。

第四十一条 违反本条例规定，建设单位有下列行为之一的，由县级以上地方人民政府国土资源主管部门责令限期改正；逾期不改正的，责令停止生产、施工或者使用，处10万元以上50万元以下的罚款；构成犯罪的，依法追究刑事责任：

（一）未按照规定对地质灾害易发区内的建设工程进行地质灾害危险性评估的；

（二）配套的地质灾害治理工程未经验收或者经验收不合格，主体工程即投入生产或者使用的。

第四十二条 违反本条例规定，对工程建设等人为活动引发的地质灾害不予治理的，由县级以上人民政府国土资源主管部门责令限期治理；逾期不治理或者治理不符合要求的，由责令限期治理的国土资源主管部门组织治理，所需费用由责任单位承担，处10万元以上50万元以下的罚款；给他人造成损失的，依法承担赔偿责任。

第四十三条 违反本条例规定，在地质灾害危险区内爆破、削坡、进行工程建设以及从事其他可能引发地质灾害活动的，由县级以上地方人民政府国土资源主管部门责令停止违法行为，对单位处5万元以上20万元以下的罚款，对个人处1万元以上5万元以下的罚款；构成犯罪的，依法追究刑事责任；给他人造成损失的，依法承担赔偿责任。

第四十四条 违反本条例规定，有下列行为之一的，由县级以上人民政府国土资源主管部门或者其他部门依据职责责令停止违法行为，对地质灾害危险性评估单位、地质灾害治理工程勘查、设计或者监理单位处合同约定的评估费、勘查费、设计费或者监理酬金1倍以上2倍以下的罚款，对地质灾害治理工程施工单位处工程价款2%以上4%以下的罚款，并可以责令停业整顿，降低资质等级；有违法所得的，没收违法所得；情节严重的，吊销其资质证书；构成犯罪的，依法追究刑事责任；给他人造成损失的，依法承担赔偿责任：

（一）在地质灾害危险性评估中弄虚作假或者故意隐瞒地质灾害真实情况的；

（二）在地质灾害治理工程勘查、设计、施工以及监理活动中弄虚作假、降低工程质量的；

（三）无资质证书或者超越其资质等级许可的范围承揽地质灾害危险性评估、地质灾害治理工程勘查、设计、施工及监理业务的；

（四）以其他单位的名义或者允许其他单位以本单位的名义承揽地质灾害危险性评估、地质灾害治理工程勘查、设计、施工和监理业务的。

第四十五条 违反本条例规定，伪造、变造、买卖地质灾害危险性评估资质证书、地质灾害治理工程勘查、设计、施工和监理资质证书的，由省级以上人民政府国土资源主管部门收缴或者吊销其资质证书，没收违法所得，并处5万元以上10万元以下的罚款；构成犯罪的，依法追究刑事责任。

第四十六条 违反本条例规定，侵占、损毁、损坏地质灾害监测设施或者地质灾害治理工程设施的，由县级以上地方人民政府国土资源主管部门责令停止违法行为，限期恢复原状或者采取补救措施，可以处5万元以下的罚款；构成犯罪的，依法追究刑事责任。

第七章 附 则

第四十七条 在地质灾害防治工作中形成的地质资料，应当按照《地质资料管理条例》的规定汇交。

第四十八条 地震灾害的防御和减轻依照防震减灾的法律、行政法规的规定执行。

防洪法律、行政法规对洪水引发的崩塌、滑坡、泥石流的防治有规定的，从其规定。

第四十九条 本条例自2004年3月1日起施行。